大学有机化学实验

严映坤　杨维清　王启卫　唐孝荣　主编

中国原子能出版社

图书在版编目（CIP）数据

大学有机化学实验 / 严映坤等主编. --北京：中
国原子能出版社，2024.5

ISBN 978-7-5221-3411-6

Ⅰ.①大…　Ⅱ.①严…　Ⅲ. ①有机化学–化学实验–
高等学校–教学参考资料　Ⅳ. ①O62-33

中国国家版本馆 CIP 数据核字（2024）第 111247 号

大学有机化学实验

出版发行	中国原子能出版社（北京市海淀区阜成路 43 号　　100048）	
责任编辑	杨　青	
责任印制	赵　明	
印　　刷	北京金港印刷有限公司	
经　　销	全国新华书店	
开　　本	787 mm×1092 mm　1/16	
印　　张	14	
字　　数	208 千字	
版　　次	2024 年 5 月第 1 版　2024 年 5 月第 1 次印刷	
书　　号	ISBN 978-7-5221-3411-6	**定　价　72.00 元**

发行电话：**010-68452845**　　　　　　　　版权所有　侵权必究

前　言

　　有机化学实验是化学学科的一门重要基础实验课程，有机化学实验教材的编写及教师在教学过程中应做到以学生为中心，融合知识传授、能力培养和价值引领于一体，做到全员育人、全方位育人，提升化学专业人才的培养质量。本书一方面传授有机化学实验基础知识和基本原理，系统训练有机化学实验基本技能，加深学生对有机化学基本理论、基础知识的理解；另一方面培养学生良好的实验素养和实验习惯、精益求精的科研作风，培养正确的自然科学观、团队协作能力和创新能力，为从事教学科研和实际生产应用，勇于探索化学科学的新知识、新发现、新应用打下良好基础。

　　本书第一章为有机化学实验基础知识，介绍了实验室一般规则、安全风险与预防、化学试剂基本知识、常用实验仪器、有机化学文献资源简介等五个方面的内容。第二章为有机化学实验基本操作，主要介绍了五个方面的内容，依次是重结晶、升华、蒸馏、分馏，萃取、干燥、浓缩、尾气吸收，色谱、简单玻璃加工，绿色有机合成、无水无氧操作、不对称合成，沸点、熔点、折射率的测定。第三章为有机化合物制备实验，分别介绍了五个方面的内容，依次是环己烯、正溴丁烷、无水乙醇、乙醚的制备，正丁醚、苯乙酮、环己酮、苯甲酸的制备，己二酸、乙酸乙酯、乙酰水杨酸的制备，乙酰苯胺、苯甲酸、苯甲醇、肉桂酸的制备，甲基橙、乙酰二茂

1

铁、1-苯乙醇的制备。第四章为天然有机化合物提取实验，依次介绍了咖啡因、薄荷油、芦丁的提取，丹皮酚、菠菜色素、多糖的提取，番茄红素和 β-胡萝卜素的提取，氨基酸的纸色谱分离和设计性提取实验等四个方面的内容。第五章为应用新技术的有机化学实验，主要介绍了三个方面的内容，分别是微波辐射法有机实验、超声波辐射法有机实验、电解法有机实验。第六章为其他类型有机化学实验，分别介绍了综合性实验、设计性实验、研究性实验、开放性实验四个方面的内容。

在撰写本书的过程中，笔者参考了大量学术文献，得到了诸多专家、学者的帮助，在此表示感谢。本书内容全面，条理清晰，但由于笔者水平有限，书中难免有疏漏之处，希望广大读者及时指正。

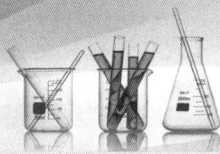

目 录

第一章 有机化学实验基础知识 ·· 1

第一节 实验室一般规则 ·· 1

第二节 安全风险与预防 ·· 3

第三节 化学试剂基本知识 ·· 11

第四节 常用实验仪器 ·· 14

第五节 有机化学文献资源简介 ·· 31

第二章 有机化学实验基本操作 ·· 38

第一节 重结晶、升华、蒸馏、分馏 ·· 38

第二节 萃取、干燥、浓缩、尾气吸收 ·· 53

第三节 色谱、简单玻璃加工 ·· 63

第四节 绿色有机合成、无水无氧操作、不对称合成 ·· 81

第五节 沸点、熔点、折射率的测定 ·· 91

第三章 有机化合物制备实验 ·· 101

第一节 环己烯、正溴丁烷、无水乙醇、乙醚的制备 ·· 101

第二节 正丁醚、苯乙酮、环己酮、苯甲酸的制备 ·· 111

第三节 己二酸、乙酸乙酯、乙酰水杨酸的制备 ·· 121

第四节 乙酰苯胺、苯甲酸、苯甲醇、肉桂酸的制备 ·· 130

第五节 甲基橙、乙酰二茂铁、1-苯乙醇的制备 ·· 139

第四章　天然有机化合物提取实验 ···151

　第一节　咖啡因、薄荷油、芦丁的提取 ·····················151

　第二节　丹皮酚、菠菜色素、多糖的提取 ·················160

　第三节　番茄红素和 β-胡萝卜素的提取 ·················169

　第四节　氨基酸的纸色谱分离、设计性提取实验 ·······174

第五章　应用新技术的有机化学实验 ·····························179

　第一节　微波辐射法有机实验 ································179

　第二节　超声波辐射法有机实验 ·····························185

　第三节　电解法有机实验 ····································190

第六章　其他类型有机化学实验 ································196

　第一节　综合性实验 ··196

　第二节　设计性实验 ··202

　第三节　研究性实验 ··206

　第四节　开放性实验 ··208

参考文献 ···214

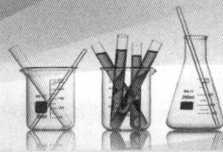

第一章
有机化学实验基础知识

本章为有机化学实验基础知识，分别介绍了实验室一般规则、安全风险与预防、化学试剂基本知识、常用实验仪器、有机化学文献资源简介五个方面的内容。

第一节　实验室一般规则

为了保证有机化学实验安全高效、平稳有序的进行，培养良好的实验习惯，学生必须严格遵守下列实验室规则。

一、实验前

学习实验室安全知识与急救常识，掌握个人防护知识。通过实验室安全知识培训考试，取得合格证书。每一次实验前应认真预习实验目的、实验原理、实验步骤、所用仪器和药品，查阅相关文献，了解所用药品的物理和化学性质、危害及安全注意事项，认识潜在的危险，预测实验结果及实验过程中可能出现的问题，做到心中有数，并按要求写好预习报告。若没有按要求完成预习，则不得进行实验。

实验人员进入实验室应穿实验服，不得戴隐形眼镜，不得披长发，不得穿背心、短裤、高跟鞋、拖鞋或凉鞋。书包、衣物及与实验无关物品应放在远离实验台的指定摆放处。在实验室里不允许戴耳机、玩手机、打电话、吸烟或进食，应保持安静，不大声喧哗，保持实验室的良好秩序。

熟悉实验室环境，如水、电和燃气的开关及总闸位置，熟悉灭火器等消防器材，以及护目镜、洗眼器与紧急淋浴器的位置，并且掌握它们的使用方法。了解各种安全警示标志和化学品危险标识，了解急救箱的位置及处理轻微割伤和灼伤的用品材料，熟悉实验室安全出口位置和紧急情况时的逃生路线。

整理实验台，清点仪器，检查仪器是否完好无损，设备能否正常运转。如发现玻璃仪器破损或缺失，应及时向指导老师报告，按规定填写仪器破损单，并及时补领。

二、实验中

正确选用仪器，搭建实验装置，不得乱拿、乱放药品和仪器。取用药品要细心，看清试剂瓶标签；正确使用和处置量筒、滴管、注射器、药匙和称量纸；严格控制药品用量，防止药品散落在天平或实验台上，散落的药品要及时处理，取完药品应及时盖好瓶盖；在通风橱里取完药品后要将药品和物品摆放整齐，保持通风橱台面整洁；严禁未经指导老师同意直接将多余的药品倒入水池或垃圾桶；防止皮肤直接接触实验药品；节约水、电、气及其他实验消耗品。

严格按照实验步骤进行实验，不得擅自更改实验步骤或实验条件，仔细观察实验现象并如实记录，尊重实验事实，实事求是，思考产生实验现象的原因；实验过程中注意邻近实验台的实验状况，避免潜在的安全问题；严格遵守实验纪律，不得在整个实验室随意走动，不得擅自离开实验室；

遇到疑难问题或发生意外事故要镇定，及时采取应急措施，同时必须向指导老师报告。

严防水银等有毒物质流失而污染实验室，温度计破损或发生意外事故要及时报告指导老师并立即采取必要的措施；不得独自在实验室做实验；重做实验必须经实验指导老师批准；损坏仪器、设备应如实说明情况并填写仪器破损单，按规定予以赔偿。

实验过程中保持实验台和地面整洁，仪器摆放整齐；废纸、火柴杆、碎玻璃等杂物不得扔进水槽，以免堵塞；无机废物倒入指定的无机废物回收容器中，废弃有机溶剂倒入指定的有机废液回收容器中，不允许将有机、无机废液混装，正确处置固体废弃物。

三、实验后

及时清洗使用的玻璃仪器并放回原处，将自己的实验台打扫干净，公用仪器和试剂放回原处摆放整齐，用肥皂认真洗手；将实验记录交指导老师审阅、签字后方可离开实验室，不得将任何仪器、药品或实验产品带出实验室。值日生要认真打扫卫生，检查实验室安全，关闭实验室水、电、气闸门和窗户，待指导老师检查同意后方可离开实验室。每次实验结束后，必须认真完成实验报告，在下次实验前将实验报告交给课代表，课代表按学号顺序整理好，下一次实验时交给指导老师批阅。

第二节 安全风险与预防

尽管在有机化学实验过程中发生严重安全事故的概率极低，但轻微安全事故偶有发生，例如，有学生在观察实验现象时头发被烧；硝化反应中混酸加入方式不当导致反应液冲出反应装置；冷凝管接橡皮管时方法不对导致碎玻璃扎伤手指；手上不小心沾到药品而使皮肤有灼伤感等。因此，在开始有机化学实验之前，应充分认识实验中可能存在的安全风险并学会预防风险，这样一旦遇到危险就能正确应对，并采取相应的急救措施。

一、化学暴露

大多数有机化学药品都有一定的毒性，若接触皮肤，可能会被皮肤吸收；有些药品具有挥发性，可能会通过呼吸道吸入人体内，进而对人体造成伤害。在实验中预防化学暴露要注意如下事项。

（1）实验前查阅相关文献资料，如《全球化学品统一分类和标签制度》《化学品安全技术说明书》等，了解药品的毒性、挥发性和危险性，实验过程中应严格遵守相关操作规定。

（2）穿长袖和过膝的棉质实验服，不要穿露脚趾的鞋。根据实验情况采取必要的安全防护措施，如戴护目镜、防毒面罩、橡胶手套等，避免有毒药品接触五官或伤口。

（3）易挥发或有毒的药品在通风橱中取用，实验所用药品不得随意丢弃，实验结束应该及时认真洗手，不得在实验室吃东西或喝水。

（4）反应过程中可能会产生有毒气体或腐蚀性气体生成，这时可采用尾气吸收装置处理，并将尾气引导至室外。如果反应过程在通风橱内进行，则需要注意不要把头伸入通风橱。

（5）小心使用水银温度计、气压计，防止其破裂而造成汞流失，溅落汞的地方要迅速撒上硫黄石灰糊，防止其挥发而对人体造成危害。

（6）实验过程中保持台面整洁。尽快清洗用过的仪器，及时清理实验台和天平周围散落的药品。离开实验室时应脱下实验服，正确处理实验废液和固体废弃物。

二、化学毒性

有机化学药品的毒性大小与药品本身的特性、使用剂量有关，有毒物质主要通过呼吸道和皮肤接触进入人体造成伤害。如一般药品溅到皮肤上，则应立即用大量的水冲洗 10～15 min。如果有轻微中毒症状，应到空气新鲜的地方休息，最好平卧；如果出现头昏、呕吐等较严重的症状，应立即送医院救治。如果药品溅入口中尚未咽下，应立即吐出，并用大量水冲洗口腔；如果已经吞下，可根据如下具体情况进行处理，并立即送医院救治。

（1）强酸：先饮大量水，然后服用氢氧化铝膏、鸡蛋清、牛奶，注意不要服用呕吐剂。

（2）强碱：先饮大量水，然后服用醋、酸果汁、鸡蛋清、牛奶，注意不要服用呕吐剂。

（3）刺激性或神经性毒物：先服用牛奶或鸡蛋清，再将一大匙硫酸镁（约 30 g）溶于一杯水中饮下催吐，也可用手指伸入喉部促使呕吐。

（4）有毒气体：将中毒者迅速移至室外，解开衣领和纽扣。如果吸入少量氯气或溴蒸气，可用碳酸氢钠溶液漱口。

三、割伤

有机实验经常使用玻璃仪器，最常见的割伤由碎玻璃引起。因此，具体操作时应注意以下几点。

（1）不要使用边缘有断口的玻璃仪器。

（2）如果打碎了仪器，不要用手去捡玻璃片，应该用扫帚和畚箕打扫干净。

（3）不要把碎玻璃放入垃圾桶。

（4）新割断的玻璃管断口处特别锋利，使用时应将断口处用小火烧光滑或用锉刀锉光滑。

（5）如果玻璃塞和瓶口牢牢地粘在一起，不要强行拧开，应向指导老师寻求帮助。

（6）玻璃管（或温度计）插入软木塞、橡皮塞的塞孔时，可先用水或甘油润湿玻璃管插入的一端，然后一手持塞子，一手捏着玻璃管，边旋转边轻轻插入，需要注意手捏玻璃管的位置不要离塞孔太远，应保持 2～3 cm 的距离，以防玻璃管折断而伤手。插入或拔出弯形玻璃管时，手指不应捏在弯曲处，因为该处易折断，容易割伤，必要时可以垫软布或抹布。相关操作如图 1-2-1 所示。

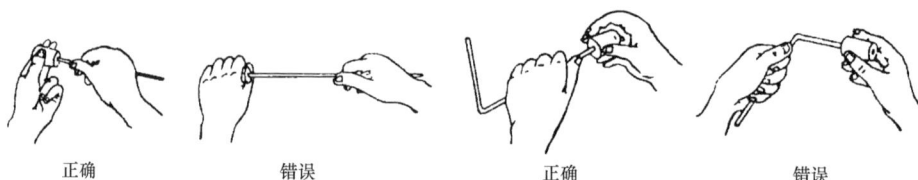

正确　　　　　　错误　　　　　　　　正确　　　　　　错误

图 1-2-1　玻璃管插入塞子的方法

如果发生了玻璃割伤，割伤为轻伤时，应立即挤出污血，用消毒过的镊子取出伤口处的玻璃碎片，再用蒸馏水或生理盐水将伤口洗净，涂上碘伏，贴上创可贴；伤口较大时，应用纱布包好伤口后送医院。若割破静（动）脉血管而流血不止，应先止血，具体方法是：在伤口上方 5～10 cm 处用绷带扎紧或用双手掐住，之后尽快送医院救治。

若玻璃碎片溅入眼中，应用镊子取出碎片，或者用清水冲洗，然后送医院治疗，切勿用手揉眼。

四、烫伤和灼伤

皮肤接触了高温（如蒸汽或液体等）、低温（如液氮、干冰等）或腐蚀性物质后均可能被烫伤或灼伤。为避免烫伤或灼伤应做到如下几点。

（1）实验中不能用手直接接触药品，特别是剧毒药品和腐蚀性药品，在接触这些物品时，应戴好防护手套和防护眼镜。常用的防护手套有氯丁橡胶手套、丁腈橡胶手套和乳胶手套。针对不同的试剂佩戴不同的手套，使用完药品后应将药品严密封存，并立即洗手。

（2）避免触碰高温物体表面，热源用完应及时关闭，不要直接将热仪器放在他人能触碰到的地方。

（3）烘箱烘干的仪器应等待其冷却后再整理。

（4）使用干冰或液氮时应戴绝缘手套。

发生烫伤或灼伤时应按下列要求处理。

（1）被碱灼伤：先用大量水冲洗，再用 1%～2%的乙酸或硼酸溶液冲洗，然后用水冲洗，最后涂上烫伤膏。

（2）被酸灼伤：先用大量水冲洗，然后用 1%～2%的碳酸氢钠溶液冲洗，最后涂上烫伤膏。

（3）被溴灼伤：先用大量水冲洗，然后用酒精擦洗或用 2%的硫代硫酸钠溶液洗至灼伤处呈白色，最后涂上甘油或鱼肝油软膏加以按摩。

（4）被热水烫伤：一般在烫伤处涂上红花油，然后擦烫伤膏。

（5）被金属钠灼伤：伤口处若有肉眼可见的小块，则要先用镊子取出，再用乙醇擦洗，然后用水冲洗，最后涂上烫伤膏。

（6）以上这些物质（金属钠除外）一旦溅入眼睛中，应立即用大量水冲洗，并及时送医院治疗。

（7）若腐蚀性、刺激性或有毒化学物质溅到衣服上，应立即向衣服上喷淋清水并尽快脱去被污染的衣服。

五、着火

有机化学实验中所使用的试剂大多是易燃的，着火是最可能发生的事故之一。引起着火的原因很多，如用敞口容器加热低沸点溶剂，反应装置漏气等。为了防止着火，在实验过程中必须注意以下事项。

（1）使用有机试剂应远离火源，不用明火直接加热，特别是使用低沸点易燃有机溶剂时，实验室里不得有明火。根据实验要求和溶剂的特性选择水浴、油浴、电热套等间接加热方式。

（2）不能用敞口容器加热和盛放易燃、易挥发的溶剂。

（3）保证实验装置的气密性，防止或减少易燃气体外逸，注意室内通风。

（4）蒸馏或回流液体时应加入沸石，防止液体暴沸冲出。蒸馏易燃溶剂时，将接收器支管与橡皮管连接，使多余的蒸气通往水槽或室外。

（5）不得将易燃、易挥发溶剂直接倒入废液缸或垃圾桶，应按化合物的性质分别进行回收处理（如金属钠残渣要用乙醇销毁等）。

（6）使用易燃、易爆气体（如氢气、乙炔等）时要保持室内空气流通，严禁明火，并应防止一切火星的产生（如敲击、摩擦、振动电器开关等）。

（7）实验室不得存放大量易燃、易挥发性试剂。

实验室一旦发生着火事故，应沉着冷静，并立即采取措施，以减少事故损失。首先，立即熄灭附近所有火源，切断电源，移走未着火的易燃物。其次，根据易燃物的性质和火势，采取适当的方法扑救。烧瓶内反应物着火时，可用石棉布盖住瓶口灭火。衣服着火时，可用石棉布或厚外衣盖灭，火势严重时就近卧倒，在地上打滚熄灭火焰，切忌在实验室内乱跑。地面或台面着火，火势较小时，可用湿抹布、石棉布或黄沙盖灭；火势较大时，应采用灭火器灭火，也可以撒上固体碳酸氢钠粉末。实验室常备灭火器有下面几种。

（1）二氧化碳灭火器：主要成分为液态 CO_2，适用于扑灭电气设备、油脂及其他贵重物品的火灾。二氧化碳灭火器是有机化学实验室最常用的灭火器。使用时，一手提灭火器，一手应握在喷二氧化碳喇叭筒的把手上（不能手握喇叭筒，以免冻伤），打开开关，二氧化碳即可喷出，这种灭火器灭火后的危害小。

（2）四氯化碳灭火器：主要成分为液态 CCl_4，适用于扑灭电器内或电器附近、小范围的汽油或丙酮等引起的火灾。不能用于扑灭活泼金属钾、钠的着火，因为 CCl_4 高温下会分解，产生剧毒的光气，这些气体与钾、钠接触会发生爆炸，这种灭火器不能在狭小和通风不良的实验室中使用。

（3）泡沫灭火器：内含发泡剂 $Al_2(SO_4)_3$ 溶液和 $NaHCO_3$ 溶液，适用于一般失火和油类着火，但污染严重，使用后处理麻烦，且不能用于电器灭火。

（4）干粉灭火器：内含磷酸铵和碳酸氢钠等盐类物质，以及适量的润滑剂和防潮剂，适用于扑灭油类、可燃性气体、电气设备、精密仪器、图书文件等物品的初期火灾。

（5）酸碱灭火器：瓶胆和筒体内分别装有 65% 的工业硫酸和碳酸氢钠溶液，适用于扑灭一般可燃固体物质的初期火灾，但不宜用于扑救油类、忌水或忌酸物质及带电设备的火灾。

需要注意的是，不管用哪一种灭火器，都应从火的边缘向中心灭火。一般情况下，严禁用水灭火，因为一般有机溶剂比水轻，泼水后，火不但不熄灭，反而漂浮在水面燃烧，火也会随水流扩大范围，将会造成更大的火灾事故。若火势不易控制，应立即拨打火警电话。

六、爆炸

在有机化学实验室中，发生爆炸事故一般有以下几种情况。

（1）空气中混杂易燃气体或易燃有机溶剂的蒸气压达到某一极限时，遇到明火即发生燃烧爆炸。

（2）某些化合物如过氧化物、多硝基化合物、干燥的金属炔化物等，在受热或剧烈振动时易发生爆炸。例如，含过氧化物的乙醚在蒸馏时有爆炸的危险、乙醇和浓硝酸混合在一起会引起极强烈的爆炸。

（3）仪器安装不正确或操作不当也可引起爆炸，如蒸馏或反应时实验装置被堵塞、减压蒸馏时使用不耐压的玻璃仪器等。

为了防止爆炸事故的发生，应注意以下几点。

（1）使用易燃易爆物品时，应严格按照操作规程进行操作。

（2）反应过于剧烈时，应适当控制加料速度和反应温度，必要时采取冷却措施。

（3）在用玻璃仪器组装实验装置之前，先检查玻璃仪器是否有裂纹或破损。

（4）在常压蒸馏操作时，全套装置必须与大气相通，不能使体系密闭，要经常检查实验装置是否被堵塞，如发现堵塞应停止加热或反应，将堵塞处理后再继续加热或反应。

（5）减压蒸馏时，不能用平底烧瓶、三角烧瓶等不耐压容器作为接收瓶或反应瓶。

（6）无论是常压蒸馏还是减压蒸馏，均不能将液体蒸干，以免局部过热或产生过氧化物而发生爆炸。

七、触电

使用电器前应先进行调试，检查电线有无破损，线路连接是否正确，电器内外要保持干燥，不能进水或其他物质。实验开始时，应先缓缓接通冷凝水（水流大小适中），再接通电源，打开电热套开关，不能用潮湿的手或手握湿物去插（或拔）插头。实验过程中要注意防止冷凝水溅入电器。实验做完后，应先关闭电源，再去拔插头，然后关冷凝水。值日生在完成值日工作后，要关闭所有的水闸及总电闸。如有人触电，应迅速切断电源，然后进行抢救。如遇电线起火，应立即切断电源，用沙或二氧化碳、四氯化碳灭火器灭火，禁止用水或泡沫灭火器灭火。

第三节　化学试剂基本知识

一、试剂纯度和等级

化学试剂按其纯度和杂质含量高低，通常分为四个等级，市面上售卖的化学试剂会在瓶子标签上用不同的符号和颜色标明试剂的纯度和等级（见表 1-3-1）。

表 1-3-1　化学试剂的纯度与级别

纯度（英文）	英文缩写	级别	标签颜色
优级纯（Guaranteed Reagent）	GR	一级	绿色
分析纯（Analytically Pure）	AR	二级	红色
化学纯（Chemical Pure）	CP	三级	蓝色
实验试剂（Laboratory Reagent）	LR	四级	黄色

优级纯试剂，又称保证试剂，杂质含量最低，纯度最高，适用于精密分析及科学研究工作。分析纯试剂，适用于一般的分析研究及教学实验工作。化学纯试剂，其纯度与分析纯试剂相差较大，适用于工矿、学校一般分析工作，实验试剂只能用于一般性的化学实验及教学工作。

一些作为特殊用途的试剂：基准试剂（PT，绿标签），作为基准物质标定标准溶液；光谱纯试剂（SP），为光谱分析中的标准物质，表示光谱纯净；色谱纯（GC），用作色谱分析的标准物质；指示剂（Ind），配制指示溶液用；生物试剂（BR），用于配制生物化学检验试液；生物染色剂（BS），用于配制微生物标本染色液；其他特殊专用级别的试剂，如电子工业专用高纯化学品（MOS）、指定级（ZD）等。

另外，还有工业生产中大量使用的化学工业品，也分为一级品、二级品及可供食用的食用级产品。

各种级别的试剂及工业品因纯度不同，其价格相差很大，工业品和优级纯试剂之间的价格可相差数十倍。所以在使用试剂时，在满足实验要求的前提下，应遵循节约的原则，选用适当规格的试剂。例如，配制大量洗液使用的 $K_2Cr_2O_7$、浓 H_2SO_4，发生气体大量使用的试剂及冷却浴所使用的各种盐类等都可以选用工业品。

二、试剂使用和储存

化学试剂在储存过程中，会受到温度、光照、空气和水分等外界因素的影响，容易发生潮解、霉变、聚合、氧化、分解、变色、挥发和升华等物理、化学变化，以致失效而无法使用，因此要采取适当的储存条件。有些化学试剂属于易燃、易爆、有腐蚀性、有毒或有放射性的化学品，有些化学试剂有一定的保质期，因此在使用这些化学试剂时一定要注意各方面。总之，在使用化学试剂之前一定要对所用的化学试剂的性质、危害性及应急措施有所了解。

实验室保存化学试剂时，一般应遵循以下原则。

（1）见光或受热易分解的试剂应该放置在阴凉干燥处，有些试剂应存放在棕色试剂瓶中，储放在黑暗且温度低的地方，也就是避光保存，如硝酸、硝酸银等。

（2）易燃有机物要远离火源，强氧化剂要与还原性物质隔开存放。钾、钙、钠在空气中极易氧化，遇水会发生剧烈反应，因此，应放在盛有煤油的广口瓶中以隔绝空气。

（3）存放试剂的柜子、库房要经常通风，室温下易发生反应的试剂要低温保存，苯乙烯和丙烯酸甲酯等不饱和化合物在室温下易发生聚合，过氧化氢易发生分解，因此这些试剂要在 10 ℃以下的环境中保存。

（4）化学试剂都要密封保存，如易挥发的试剂（如浓盐酸、浓硝酸、液溴等），易被氧化的试剂（如亚硫酸氢钠、氢硫酸、硫酸亚铁等），易与水蒸气、二氧化碳作用的试剂（如无水氯化钙、苛性钠等）。汞（水银）要存放在搪瓷瓶中，并用水覆盖封存，以防挥发。

（5）氢氟酸不能存放在玻璃瓶中，强氧化剂、有机溶剂不能用带橡胶塞的试剂瓶存放，碱液、水玻璃等不能用带玻璃塞的试剂瓶存放。

三、试剂危险性

化学药品的危险性包括易燃、易爆、强氧化性、腐蚀性、毒性、致癌性等，有些药品可能会同时存在几种危险。为了保护人类健康与环境，联合国《全球化学品统一分类和标签制度》（GHS）及相关国家标准对化学品分类、安全标签和《化学品安全技术说明书》（SDS）等进行了统一规定，GHS 化学危险品标志如表 1-3-2 所示。《化学品安全技术说明书》描述试剂的物理性质、危险性、安全处置及急救方法等信息，在相关化学试剂数据库或商业试剂网站均可查阅。

表 1-3-2　GHS 化学危险品标志

序号	危险类别	象形图	序号	危险类别	象形图	序号	危险类别	象形图
1	爆炸物质		4	健康危害		7	腐蚀性	
2	可燃气体		5	水环境危害		8	压力气体	
3	氧化剂		6	剧毒物质		9	警告标志	

四、实验废物处理

所有实验废物要集中收集和处理，不能随意倒入水槽或垃圾桶，不同类型的实验废物要分别倒入指定的容器。倾倒前应反复检查废物成分及容器标签，倾倒后及时将容器的盖子盖上。

（1）废液：回收到指定的回收瓶或废液缸中集中处理，无机废液与有机废液要分开，卤代的有机废液与一般有机废液要分开。

（2）固体废物：任何固体废物（如沸石、棉花、废纸、镁屑等）都不能倒入水池中，而要倒入指定的垃圾桶中，最后由值日生在指导老师的指导下统一处理。

（3）易燃、易爆的废弃物（如金属钠等）应由老师处理，学生切不可自主处理。

第四节　常用实验仪器

有机化学实验室中常用仪器一般分为普通仪器、标准磨口玻璃仪器及微型磨口玻璃仪器。

一、普通仪器

常用普通仪器如图 1-4-1 所示。

二、标准磨口玻璃仪器

标准磨口玻璃仪器是指带有标准磨砂内磨口的玻璃仪器。相同编号、相同规格的接口均可紧密连接，各部件能组装成各种配套实验装置。当不

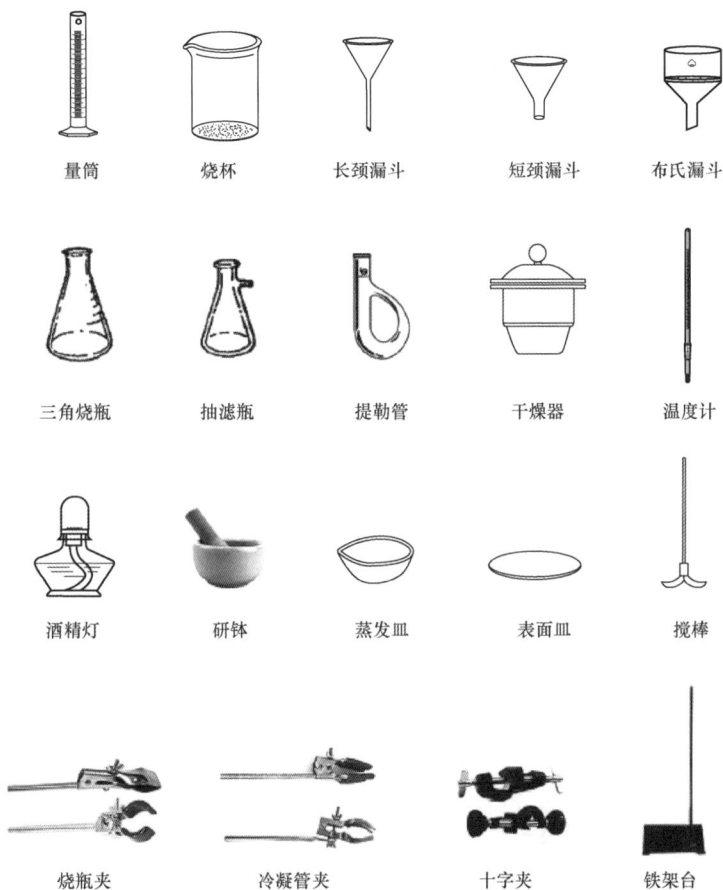

量筒　　烧杯　　长颈漏斗　　短颈漏斗　　布氏漏斗

三角烧瓶　　抽滤瓶　　提勒管　　干燥器　　温度计

酒精灯　　研钵　　蒸发皿　　表面皿　　搅棒

烧瓶夹　　冷凝管夹　　十字夹　　铁架台

图 1-4-1　常用普通仪器

同规格的部件无法直接组装时，可使用转换接头连接。使用标准磨口玻璃仪器，既可免去选配橡皮塞的麻烦，又能避免因使用橡皮塞而引起的体系污染。

标准磨口玻璃仪器均按国际通用的技术标准制造。由于仪器的容量及用途不同，标准磨口玻璃仪器有不同的规格，每个部件在其口塞的上面或下面显著部位均具有烤印的白色标志标明规格。现在常用的是锥形标准磨口，磨口部分的锥度为 1:10，即轴向长度 H 为 10 mm，锥体大端直径与小端直径之差为 1 mm。有的标准磨口玻璃仪器有两个数字，如 19/22,19

15

表示磨口大端的直径为 19 mm，22 表示磨口的高度为 22 mm。有机化学实验室常用的标准磨口玻璃仪器如表 1-4-1 和图 1-4-2 所示。

表 1-4-1　常用的标准磨口系列

编号	10	12	14	19	24	29	35
大端直径/mm	10.0	12.5	14.5	18.8	24.4	29.2	35.4

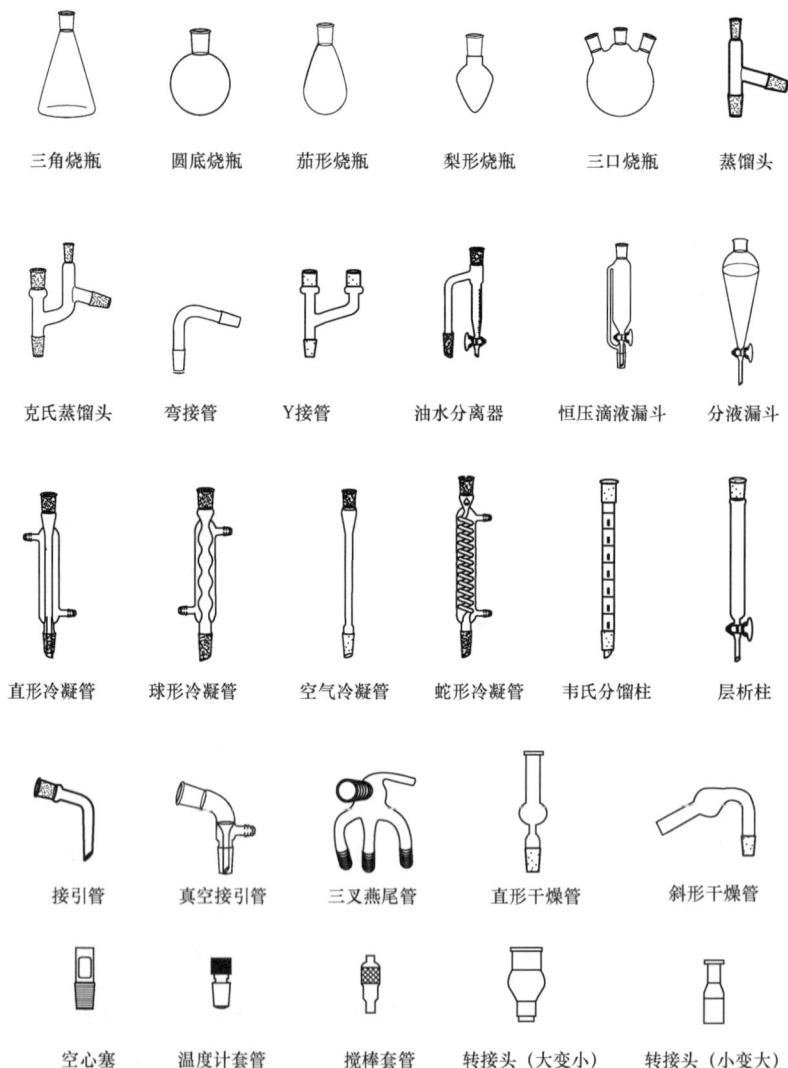

| 三角烧瓶 | 圆底烧瓶 | 茄形烧瓶 | 梨形烧瓶 | 三口烧瓶 | 蒸馏头 |

| 克氏蒸馏头 | 弯接管 | Y接管 | 油水分离器 | 恒压滴液漏斗 | 分液漏斗 |

| 直形冷凝管 | 球形冷凝管 | 空气冷凝管 | 蛇形冷凝管 | 韦氏分馏柱 | 层析柱 |

| 接引管 | 真空接引管 | 三叉燕尾管 | 直形干燥管 | 斜形干燥管 |

| 空心塞 | 温度计套管 | 搅棒套管 | 转接头（大变小） | 转接头（小变大） |

图 1-4-2　常规标准磨口玻璃仪器

使用磨口玻璃仪器时应注意以下几点。

（1）磨口处必须保持干净，带活塞或塞子的磨口仪器，活塞或塞子不能任意调换。

（2）装配仪器时，磨口和磨塞轻轻对旋连接，不宜用力过猛，只要润滑密闭即可。

（3）常压使用时，磨口处无须涂润滑剂，以免污染反应物或产物。如果反应中使用强碱，则要涂适量的润滑剂，以免磨口连接处因碱腐蚀而黏结在一起无法打开。

（4）减压蒸馏时，应在磨口连接处薄涂一层润滑脂（如凡士林密封脂、真空脂或硅脂等），保证装置的气密性。

（5）使用后及时拆卸，拆卸时注意各部件相对的角度，不能在角度存在偏差时进行硬性拆卸，以免造成仪器破损。

（6）洗涤仪器时可用合成洗衣粉或洗涤剂洗涮，避免用强碱性去污粉等擦洗，以免损坏磨口。若仪器上有难以去除的残留物，则可以将仪器放入盛有氢氧化钠/醇溶液的碱缸里浸泡 5～30 min（浸泡时间尽可能短），然后用水彻底冲洗干净。

（7）洗净的湿仪器放入烘箱在 105 ℃ 下烘 30 min 或 120 ℃ 下烘 20 min，带活塞或塞子的磨口仪器，烘干时活塞或塞子必须与仪器分开。

（8）烘干的仪器用钳子取出，冷却至室温，各部件分开存放，在活塞或塞子与磨口之间垫上纸片，防止长时间存放后磨口黏结而难以拆开。如果发生磨口黏结在一起很难拆开的情况，可以采取以下措施：将磨口竖立，从缝隙中滴几滴甘油，待甘油慢慢渗入磨口后，便可将磨口打开；也可用热水煮黏结处或用热风吹磨口处，使其膨胀而脱落；有时用木槌轻轻敲打黏结处也能将其打开。

三、微型磨口玻璃仪器

当实验试剂的用量少于 300 mg 或反应体系的总体积少于 3 mL 时，如果使用常规标准磨口玻璃仪器，大量产物会黏附在仪器壁上而造成损失，难以回收产物，此时就要用到微型磨口玻璃仪器，如图 1-4-3 所示为部分微型磨口玻璃仪器。微型磨口玻璃仪器通常是常规标准磨口玻璃仪器的缩小版，微型磨口玻璃仪器通常用 14/10 标准口连接在一起，接口之间一般不能使用润滑脂，除非反应体系中需要用到强碱时才可使用。

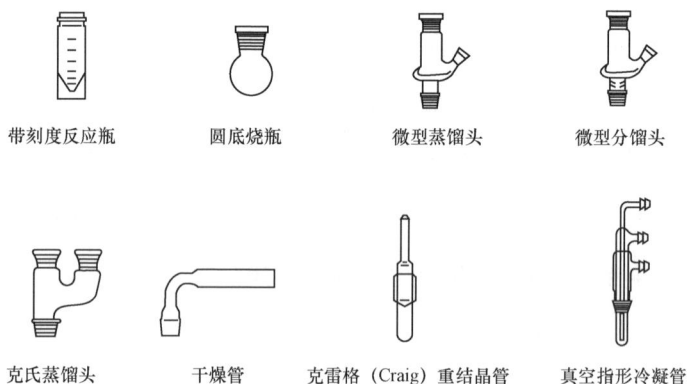

| 带刻度反应瓶 | 圆底烧瓶 | 微型蒸馏头 | 微型分馏头 |

| 克氏蒸馏头 | 干燥管 | 克雷格（Craig）重结晶管 | 真空指形冷凝管 |

图 1-4-3　微型磨口玻璃仪器

四、常用有机化学实验装置

有机化学实验的各种反应装置常常是由各种玻璃仪器组装而成的，实验中应根据要求选择合适的仪器，仪器选用和搭配的一般原则如下。

（一）烧瓶的选择

根据液体的体积而定，一般液体的体积应占容器体积的 1/3～1/2，最多不能超过 2/3。进行水蒸气蒸馏时，液体体积不应超过烧瓶容积的 1/3。

（二）冷凝管的选择

一般情况下回流操作常用球形冷凝管，蒸馏用直形冷凝管，但是当蒸馏或回流温度超过 130 ℃时应改用空气冷凝管，以防温差较大时，由于仪器受热不均匀而造成冷凝管破裂。

（三）温度计的选择

实验室一般备有 100 ℃、200 ℃和 300 ℃三种温度计，根据所测的温度可选用不同量程的温度计。一般选用的温度计要高于被测温度 10～20 ℃。装配仪器时，应首先确定主要仪器的位置，往往根据热源的高低来确定烧瓶的位置，然后按从左到右、先下后上的顺序逐个装配起来。拆卸时，一般先停止加热，移走加热源，待稍微冷却后，按照与安装时相反的顺序逐个拆除。拆卸冷凝管时注意不要将水洒到加热的仪器上，仪器装配要求做到严密、正确、整齐美观和稳妥。在常压下进行反应的装置，必须保证反应体系与大气相通，不能密闭。

常用有机化学实验装置如图 1-4-4 所示。

五、常用仪器设备

有机化学实验中，除了会用到玻璃仪器外，还经常用到称量、干燥、测量、加热、冷却、搅拌、清洗及反应等各种辅助仪器和设备。

（一）托盘天平和电子天平

1. 托盘天平

托盘天平用于精度不高的称量，一般托盘天平的最大称重量为 1 000 g

简单回流
装置

带干燥管的
防潮回流装置

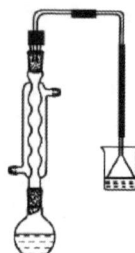

带尾气吸收的
回流装置

带尾气吸收的
防潮回流装置

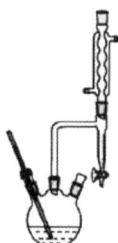

带分水器的
回流装置

磁力搅拌器

带测温、磁力搅拌、
滴加的回流装置

带测温、
机械搅拌的回流装置

带机械搅拌、
滴加的回流装置

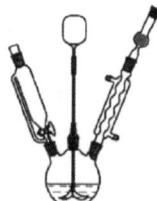

带机械搅拌、
滴加的防潮回流装置

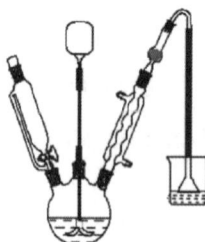

气体

气体

水 → ← 气体

气体

→ 至水槽

带尾气吸收、机械搅拌、
滴加的防潮回流装置

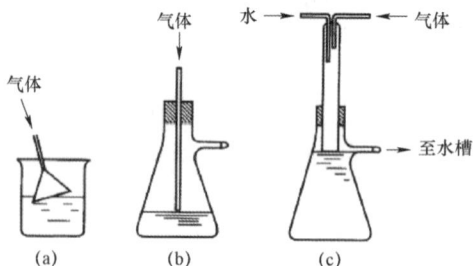

(a)

(b)

(c)

常见的气体吸收装置

图 1-4-4　常用有机化学实验装置

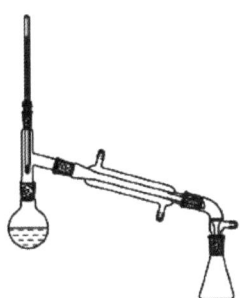

简单蒸馏装置

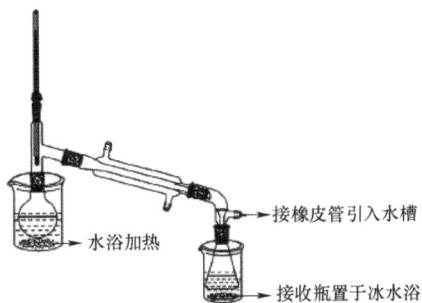

低沸点易燃有机物蒸馏装置

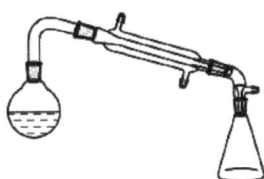

接橡皮管引入水槽

水浴加热

接收瓶置于冰水浴

简易蒸馏装置

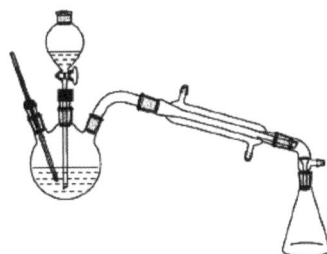

带滴加的连续蒸馏装置

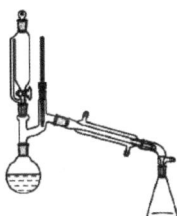

带滴加的连续蒸馏反应装置

简单分馏装置

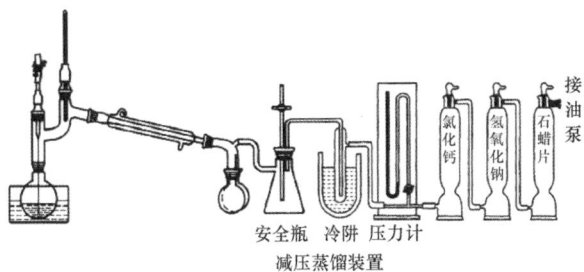

安全瓶　冷阱　压力计

减压蒸馏装置

氯化钙

氢氧化钠

石蜡片

接油泵

图1-4-4　常用有机化学实验装置（续）

水蒸气蒸馏装置

减压过滤装置

液-液和固-液萃取装置

(a)　　(b)
常压升华装置

减压升华装置

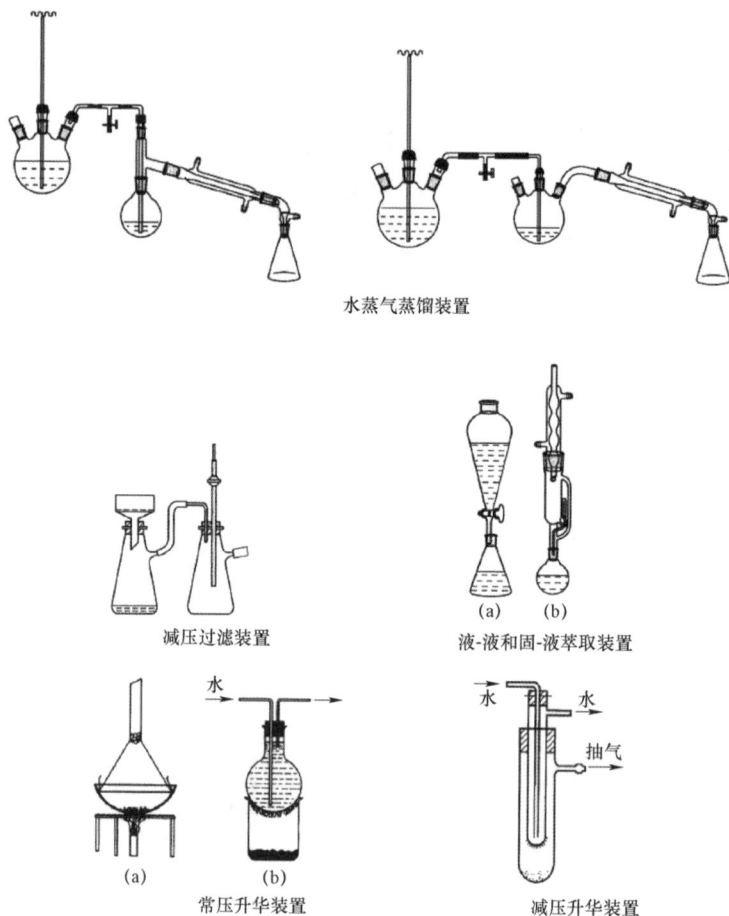

图 1-4-4　常用有机化学实验装置（续）

（也有 500 g 的），一般精确到 0.1 g 或 0.2 g。称量前若发现两边不平衡，应调节两端的平衡螺母使之平衡。称量时，被称量物质放在左边秤盘上，在右边秤盘上加砝码，最后移动游码，使两边平衡（如固定在横梁上的指针不摆动且指向正中刻度，或左右摆动幅度较小且相等），砝码质量与游码位置示数之和为待称重物体的重量。被称量的化学药品必须放在称量纸上、烧杯或烧瓶内，切不可直接放在秤盘上，以保持天平的清洁，称量后应将砝码放回砝码盒中。

2. 电子天平

电子天平也是实验室常用的称量设备，尤其在微量、半微量实验中经常使用。普通电子天平的最小分度为 0.01 g，即称量时可以精确到 0.01 g。与普通托盘天平相比，它具有称量简单、方便快捷的优点，能满足一般化学实验的要求。

电子分析天平是一种比较精密的仪器，称量时可以精确到 0.000 1 g，因此，使用时应注意维护和保养。维护和保养的方法有：（1）天平应放在清洁、干燥、稳定的环境中，以保证测量的准确性；勿放在通风、有磁场或产生磁场的设备附近；勿在温度变化大、有振动或存在腐蚀性气体的环境中使用。（2）保持机壳和称量台的整洁，以保证天平的准确性，清洗时可用蘸有柔性洗涤剂的湿布擦洗。（3）天平在不使用时应拔掉交流适配器。（4）使用天平称量时，不要超过天平的最大量程。

（二）气流烘干器和红外线干燥箱

1. 气流烘干器

气流烘干器是一种用于快速烘干玻璃仪器的设备，有冷风挡和热风挡。使用时将洗净且不滴水的仪器挂在它的多孔金属管上，开启热风挡，可在数分钟内将其烘干，之后再用冷风吹冷，这样烘干的玻璃仪器才会不留水迹。气流烘干器的电热丝较细，当仪器烘干取下后应随手关掉开关，不可使其持续数小时吹热风，否则会烧断电热丝。若仪器壁上的水没有沥干，则水会顺多孔金属管滴落在电热丝上，从而造成短路而损坏气流烘干器。

2. 红外线干燥箱

红外线干燥箱是实验室常备的小型快速烘干设备，箱内装有产生热量的红外灯泡，常用于烘干固体样品。其可与变压器联用以调节温度，注意温度不可过高，温度过高会将样品烘熔或烤焦。另外，使用时切忌将水溅到热灯泡上，否则会造成灯泡炸裂。

（三）烘箱、电吹风

实验室一般使用的是恒温鼓风干燥箱，其使用温度为 50～300 ℃，主要用于烘干玻璃仪器或烘干无腐蚀性、无挥发性、热稳定性好的药品，切忌将易挥发、易燃、易爆物放在烘箱内烘烤。烘干玻璃仪器时，一般将温度控制在 100～120 ℃，鼓风可以加速仪器的干燥。刚洗好的玻璃仪器应尽量将仪器中的水沥干，然后把玻璃器皿依次从上层往下层放入烘箱烘干。注意器皿口应向上，若器皿口朝下，烘干的仪器虽无水渍，但由于从仪器内流出来的水珠会滴到其他已烘干的仪器上，往往会造成仪器炸裂。带有活塞或具塞的仪器，如分液漏斗和滴液漏斗，必须取下塞子，取出活塞并擦去油脂后才能放入烘箱内干燥。厚壁仪器、橡皮塞、塑料制品等不宜在烘箱中干燥。用完烘箱，要切断电源，确保安全。

实验室还经常使用真空干燥箱，主要用来干燥实验药品。通常在真空下适合加热一些熔点较低或在高温下容易分解的药品，并且其干燥速度较快。

电吹风可用于吹干一两件急用的玻璃仪器，使用电吹风时，先用热风将仪器吹干，再调至冷风挡吹冷。玻璃仪器可以先用低沸点溶剂（如丙酮、乙醇等）均匀铺满仪器内壁再吹，这样会干的更快些，但这时要先吹冷风，而后再用热风、冷风吹。电吹风不用时应放在干燥处，注意防潮、防腐蚀。

（四）调压变压器、电热套和恒温水浴锅

1. 调压变压器

调压变压器是调节电源电压的一种装置，常用来调节电炉、电热套、

红外干燥箱的温度，调整电动搅拌器的转速等，使用时应注意：（1）使用时注意接好地线，注意输入端与输出端切勿接错，不得超负荷使用；（2）使用时，先将调压变压器调至零点，再接通电源，然后根据加热温度或搅拌速度将旋钮调至所需要的位置，调节变换时应缓慢均匀；（3）用完后应将旋钮调至零点，并切断电源。注意应保持仪器干净，并存放在干燥、无腐蚀的地方。

2. 电热套

电热套，一般用玻璃纤维丝与电热丝编织成半圆形的内套，外边加上金属或塑料外壳，中间填充保温材料。根据内套直径的大小分为 50 mL、100 mL、150 mL、200 mL、250 mL 等规格，最大可达 3 000 mL。此设备不用明火加热，使用较安全。由于它的结构是半圆形的，在加热时，烧瓶处于热气流中，因此加热效率较高。使用电热套时应注意，不要将药品洒在电热套中，以免加热时药品挥发而污染环境，同时避免电热丝被腐蚀而断开；加热时，烧瓶不要贴在内套壁上。电热套使用完后将其放在干燥处，否则内部吸潮后会降低绝缘性能。

3. 恒温水浴锅

恒温水浴锅常用来加热或保温含有低沸点有机化合物的仪器，可控制温度在 50～100 ℃。由于其无明火，所以可防止燃烧、爆炸事故的发生。使用时应注意加水后方可通电加热，使用结束应将温控旋钮置于最小值并切断电源；若长时间不用，则应将锅体中的水排尽并擦干。

（五）磁力搅拌器、电动搅拌器

1. 磁力搅拌器

磁力搅拌器能在完全密封的装置中进行搅拌，它由电机带动磁体旋转，磁体又带动反应器中的磁子旋转，从而达到搅拌的目的。磁力搅拌器一般都带有温度和转速控制旋钮，因此使用后应将旋钮转至零点，保存时应注意防潮防腐。

2. 电动搅拌器

电动搅拌器由机座、小型电动马达和调速变压器三部分组成，一般在常量有机化学实验的搅拌操作中使用，用于非均相反应。在开动搅拌器前，应先用手转动搅拌器，看其转动是否灵活，如不灵活应找出摩擦点；如是电机问题，应向电机的加油孔中加一些机油以保证电机转动灵活，或更换新电机。

（六）旋转蒸发仪

旋转蒸发仪用来回收、蒸发有机溶剂，它由一台电机带动可旋转的蒸发器（一般用茄形烧瓶或圆底烧瓶）、冷凝管、接收瓶等组成。由于蒸发器在不断旋转，因此，即使不加沸石也不会发生暴沸；同时，旋转使得液体附于壁上形成了一层液膜，从而加大了蒸发面积，使蒸发速度加快。它可在常压或减压下使用，一般在循环水真空泵减压下旋转蒸发，有机溶剂经蛇形冷凝管冷凝后进入接收瓶，以回收利用。低沸点有机溶剂不易冷凝，可使用低温冷却液循环泵来增强冷凝效果。

旋转蒸发仪的运行操作如下。

（1）在烧瓶中加入待蒸液体，体积不要超过烧瓶容积的 2/3。将烧瓶装在转动轴磨口上，用标准口卡子卡牢。

（2）开通冷凝水，打开循环水真空泵开关抽真空，待达到稳定的真空度后调节转速旋钮，使转速稳定。

（3）用升降控制开关将烧瓶慢慢放入水浴中。

（4）加热水浴，根据烧瓶内液体的沸点设定加热温度。减压蒸馏时，当温度、真空度较高时，瓶内液体可能会暴沸。此时应立即升高烧瓶的高度，离开水浴，待水浴温度降至合适的温度后再继续蒸馏。

（5）在设定温度下旋转蒸发。

（6）蒸完后用升降控制开关使烧瓶离开水浴，关闭转速旋钮，停止旋转，再打开真空活塞，至体系与大气相通后再取下烧瓶。

（七）低温循环泵、真空泵

1. 低温循环泵

低温循环泵是一种新型的实验设备，可代替干冰和液氮进行低温反应，底部带有强磁力搅拌，具有二级搅拌及内循环系统，能使槽内温度更为均匀，可单独作低温、恒温循环泵使用及提供恒温冷源。

2. 真空泵

实验室常用水泵或油泵来获得真空。水泵常因其结构、水压和水温等因素，不易得到较高的真空度，一般用于对真空度要求不高的减压体系中。循环水真空泵是以循环水作为流体，利用射流产生负压的原理设计的一种新型多用真空泵，主要用于蒸馏、结晶、过滤、减压、升华等操作中。

使用真空水泵时应注意如下三方面。

（1）真空泵抽气口应接有一个缓冲瓶，以免停泵时发生倒吸现象，使体系受到污染。

（2）开泵前，应检查真空水泵是否与体系连接好，然后打开缓冲瓶上的旋塞。开泵后，关闭旋塞，并将真空水泵调至所需要的真空度。关泵前，先打开缓冲瓶上的旋塞，拆掉与体系的接口，再关泵。

（3）应经常补充和更换水泵中的水，以保持水泵的清洁和真空度。水温较高时，可在水箱中加入一些冰块，降低水的饱和蒸气压，以提高泵的抽气效果。

真空油泵也是实验室常用的减压设备，油泵常在对真空度要求较高的场合下使用。油泵的效能取决于泵的结构及油的好坏（油的蒸气压越低越好），较好的真空油泵的真空度能达到 10～100 Pa。油泵的结构越精密，对工作条件要求就越高。

在用油泵进行减压蒸馏时，溶剂、水和酸性气体会对油造成污染，使油的蒸气压增加，真空度降低，同时这些气体可以引起泵体的腐蚀。为了保护泵和油，使用时应注意：

（1）定期检查，定期换油，防潮并防腐蚀。

（2）如蒸馏物质中含有挥发性物质，可先用水泵减压，然后改用油泵。

（3）在泵的进口处安装气体吸收塔，放置保护材料，如石蜡片（吸收有机物）、硅胶（吸收微量的水）、氢氧化钠（吸收酸性气体）、氯化钙（吸收水汽），并安装冷阱（冷凝杂质）等。

（八）超声波清洗器、微波反应器

1. 超声波清洗器

近年来，超声波作为一种新的能量形式开始用于有机化学反应，不仅使很多以往不能进行或难以进行的反应得以顺利进行，而且作为一种方便、迅速、有效和安全的合成技术，大大优于传统的搅拌、加热方法，是一种新兴的绿色化学技术。超声波清洗器可用于小批量的清洗、脱气、混匀、提取、有机合成、细胞粉碎等操作。

2. 微波反应器

微波辐射技术在有机合成上的应用日益广泛。通过微波辐射，反应物从分子内迅速升温，反应速率可提高几倍、几十倍甚至上千倍；同时，由于微波为强电磁波，产生的微波等离子中常存在热力学得不到的高能态原子、分子和离子，因而可使一些热力学上不可能或难以发生的反应得以顺利进行。

（九）有机合成仪、熔点仪

1. 有机合成仪

Vantage 全自动平行有机合成仪装配有 Area 反应器，可控温度范围 $-78 \sim 150 \, ℃$。在反应器之间温差小于 $1.5 \, ℃$，反应条件多样，可同时合成 96 种化合物。

2. 熔点仪

熔点的测定广泛用于药物、染料、香料等晶体有机化合物的初步鉴定或纯度检验等领域。

（十）气体钢瓶与减压阀

在有机化学实验中，有时会用到气体原料（如氢气、氧气等）、气体保护气（如氮气、氩气等）、气体燃料（如煤气、液化气等）。钢瓶是储存或运送气体的容器，若使用不当，将会造成重大事故。为了防止各种钢瓶在充装气体时混用，统一规定了瓶身、横条及标字的颜色。

使用钢瓶时要注意：（1）认准标色，不可混用；（2）储放时要避免日晒、雨淋、烘烤、水浸和药品腐蚀；（3）搬运时要轻拿轻放并戴上瓶帽；（4）使用时要安放稳妥并装上减压阀，瓶中气体不可用完，应至少留下瓶压 0.5% 的气体；（5）装可燃气体的钢瓶需装有防回火装置；（6）定期检查钢瓶。

使用钢瓶时要用到减压阀、压力表。先将减压阀旋到最松位置（关闭状态），然后打开钢瓶的气阀门，瓶内的气压即在总压力表上显示。之后慢慢旋紧减压阀，使分压力表达到所需压力。用完后应先关紧钢瓶的气阀门，待总压力表和分压力表的指针复原到零时，再关闭减压阀。

（十一）紫外分析仪、阿贝折射仪、旋光仪

1. 紫外分析仪

箱式紫外分析仪由紫外线灯管及滤光片组成，有 254 nm 和 365 nm 两种波长，两种波长可相互独立使用。物质经过紫外线照射后发出荧光，不同结构的荧光物质有不同的激发光谱和发射光谱，呈现不同的斑点，因此可用荧光进行物质的鉴别，紫外分析仪特别适宜做薄层分析、纸层分析斑点的检测及跟踪反应进程。

2. 阿贝折射仪

阿贝折射仪是根据光的折射原理设计的，它的主要部分为两块直角棱镜，用于测透明、半透明液体在一定温度下的折射率，是石油工业、油脂工业、制药工业、造漆工业、食品工业、日用化学工业、制糖工业和地质勘查等有关工厂、教学及科研单位不可缺少的常用设备之一。

3. 旋光仪

旋光仪是测定物质旋光度的仪器，通过对样品旋光度的测量，可以分析确定物质的浓度、含量及纯度等，广泛应用于制药、药检、制糖，以及食品、香料、味精、化工、石油等工业生产，在科研、教学部门常用于化验分析或过程质量控制。

第五节　有机化学文献资源简介

　　查阅文献是化学工作者应具备的基本功之一，进入每个课题研究之前，了解有关资料和信息有助于拓宽研究思路、创新研究方法、解释实验现象，从而少走弯路。有机化学文献资源种类繁多，如《有机化合物辞典》、理化数据或反应手册、波谱资料和期刊论文等，其数据来源可靠，并不断补充更新，是有机化学的知识宝库，也是化学工作者学习和研究的有力工具。随着计算机与互联网技术的发展，获取化学文献网络资源越来越便捷。

一、工具书

（一）专业词典

　　如《英汉·汉英化学化工词汇》《英汉化学化工词汇》等。

（二）安全知识

　　如《危险化学品安全实用技术手册》等。

（三）事实数据

1.《默克索引》

　　《默克索引》是 Merck 公司出版的有关化学药品、药物及生物制品的手册，其主题范围涵盖农业化学、生物制品、天然产物、商业和研究用的有机物与无机物。数据库中的每一条记录，都会评述一种单一存在的化学物质或一组密切相关的化合物。化合物按名称的英文字母顺序排列，内容包括：标准化学名称、普通名称和商品名、CAS 登录号、分子式和分子量、物理和毒理数据、制备方法、参考文献、治疗应用、商业应用等。文献类型包括化学文献、生物医学文献和专利文献。可以输入名称、CAS 登录号、分子式、分子量进行查询。《默克索引》目前有网络版（https://www.rsc.org/merck-index）。

2.《有机化合物辞典》

《有机化合物辞典》收集常见的有机化合物近 3 万条，连同衍生物在内共 6 万余条。其内容为有机化合物的组成、结构、性状、来源、物理常数、化学性质及其衍生物等，并附有参考文献以备参考，各化合物按名称的英文字母顺序排列。该书自第 6 版以后，每年出一版补编。该书已有中文译本，名为《汉译海氏有机化合物辞典》，中文译本仍按化合物英文名称的字母顺序排列，在英文名称后面附有中文名称。因此，在使用中文译本时，仍然需要知道化合物的英文名称。该辞典目前有网络版（https://doc.chemnetbase.com）。

3.《CRC 化学物理手册》

《CRC 化学物理手册》是美国化学橡胶公司出版的化学物理手册，为物理、化学及相关领域的研究者从事科学研究提供权威的、及时更新的数据信息。该书的有机化学部分按照 1979 年国际纯粹与应用化学联合会对化合物命名的原则，按照有机化合物英文名称的字母顺序排列，列出常见有机化合物的理化常数（如熔点、沸点、密度、折射率、溶解度等）、MerckIndex 编号、CAS 登录号及参考书目等，查阅时只要知道化合物的英文名称，便可查出所需要的化合物分子式及其理化常数。该手册目前有网络版（https://hbcponline.com）。

4.《兰氏化学手册》

《兰氏化学手册》是一部资料齐全、数据翔实、使用方便、供化学及相关科学工作者使用的单卷式化学数据手册，在国际上享有盛誉，自 1934 年第 1 版问世以来，一直受到各国化学工作者的重视和欢迎。该手册提供无机化学、有机化学、光谱学、通用数据与换算表等众多信息，满足一般使用者的需要。有机化学部分列出各类常见有机化合物的命名、结构式、分子量、物理性质（如熔点、沸点、溶解度等）、密度、黏度、表面张力、折射率、密度、蒸气压、可燃性等。光谱学部分包括红外光谱、紫外可见光谱、荧光光谱、核磁共振谱、质谱等。

5. 有机化学丛书、实验辅助参考书

（1）《有机反应》

本书最初由 Adams R 主编，自 1942 年开始出版，到 2021 年已出版 108 卷。本书主要介绍有机化学中有理论价值和实际意义的反应，每个反应都分别由在该方面有一定经验的人来撰写。书中对有机反应的机理、应用范围、反应条件等都做了详尽的讨论，并用图表指出在有机反应的研究工作中做过哪些工作。卷末有以前各卷的作者索引、章节和题目索引。该书目前在 Wiley Online Library 有网络版。

（2）《实用有机化学教材》

本书由 B.S.Furniss、A.J.Hannaford、P.W.G.Smith、A.R.Tatchell 编写，由 Long man Scientific&Technical 于 1989 年出版，内容包括有机化学实验的安全常识、有机化学基本知识、常用仪器、常用试剂的制备方法、常用的合成技术，以及各类典型有机化合物的制备方法。书中所列出的典型反应数据可靠，是一本比较好的实验参考书。

（3）《实验室化学品的纯化》

本书由世界图书出版公司出版，详细介绍了化学品的纯化方法（如重结晶、干燥、色谱、蒸馏、萃取、衍生物的制备等），给出了几乎所有商品化有机化学品、无机化学品及生化试剂的基本理化性质和纯化过程，包括名称、CAS 登录号、分子量、熔点、沸点、相对密度、溶解性、离子化常数等。例如，重结晶的溶剂选择、纯化以前的处理步骤及纯化过程中的安全风险预防措施等，从粗略纯化到高度纯化都有详细说明，并附参考文献。

二、网络检索资源

（一）《化学文摘》

《化学文摘》创刊于 1907 年，由美国化学学会化学文摘社（Chemical Abstracts Service，CAS）编辑出版，收藏信息量大，收录范围广，收录的每一种化学物质对应唯一的 CAS 登录号。《化学文摘》网络版数据库整合了 Medline 医学数据库、欧洲和美国等 30 多家专利机构的全文专利资料，以及《化学文摘》从 1907 年以来收录的所有资料。它涵盖的学科包括应用化学、化学工程、普通化学、物理、生物学、生命科学、医学、材料学和农学等诸多领域。它有多种先进的检索方式，如化学结构式和化学反应式检索等，还可以通过 Chemport 链接到全文资料库及进行引文链接，是目前应用最广泛，资料量最大，最具权威的化学、化工及相关学科的检索工具。

（二）Reaxys 数据库

Reaxys 由 Elsevier 公司出版，将贝尔斯坦（Beilstein）、专利化学数据库（Patent）和盖墨林（Gmelin）的内容整合为一体的资源，并增加了很多新的特性。Beilstein 包含化学结构相关的化学、物理等方面的性质，化学反应相关的各种数据，以及详细的药理学、环境病毒学、生态学等信息资源。Patent 为 Beilstein 的补充。Gmelin 是一个无机和金属有机化合物数值和事实数据库，包含详细的理化性质及地质学、矿物学、冶金学、材料学等方面的信息资源。

（三）Organic Syntheses

Organic Syntheses 是由非营利性 Organic Syntheses 公司出版的网络检索系统，收录了 Organic Syntheses 自 1921 年以来的经典合成路线和具体操作，所有反应步骤均经过重复的校验和核对，可以通过 CAS 登录号、结构式和名称等查询资料。

（四）AIST 数据库

使用 AIST（National Institute of Advanced Industrial Science and Technology，Japan）可查询有机化合物谱图，通过 CAS 登录号、名称及相应谱图的化学位移、质谱解离质量数等可以查询得到相关化合物的红外、^{1}HNMR 谱、^{3}CNMR 谱、质谱和 Raman 光谱的标准谱图。

（五）化合物基本性质数据库

Chem Finder 是 Cambridge Soft 公司推出的网络服务。通过该主页可以按化合物的分子式、英文名称、CAS 登录号和化合物结构查询该化合物的基本性质，包括分子结构、分子量、熔点、沸点、密度、溶解度等，以及该试剂的生产厂家、包装说明和购买方法等信息。

（六）化学专业数据库

中国科学院上海有机化学研究所化学专业数据库，包括了结构、反应、谱图、天然产物及毒性等多个专业数据库，内容丰富。

（七）其他查询化学数据的网址

有许多网站可以免费查询化学元素的信息和化学品 CAS 登录号、分子量、物理性质、安全信息等，方便快捷。例如：

https://www.webelements.com；

https://www.msdsonline.com；

https://www.sigmaaldrich.com；

https://www.acros.com；

https://www.aladdin-e.com；

http://www.chemspider.com；

http://www.chemexper.com；

https://www.baidu.com；

https://www.cdc.gov/niosh/npg/npgd0508.html.

三、期刊全文数据库

（一）CNKI

中国国家知识基础设施（China National Knowledge Infrastructure，CNKI）提供国内博士/硕士论文、专利、标准、学术期刊等文献服务，如《有机化学》《合成化学》《化学学报》《高等学校化学学报》《中国化学快报》《中国科学：化学》等。

（二）ACS Publications

美国化学学会（American Chemical Society，ACS）一直致力于为全球化学研究机构、企业及从业者提供高品质的文献资讯及服务，成为享誉全球的科技出版机构之一。ACS 期刊数据库内容涵盖化学、材料、能源、环境、农业等领域，如 Journal of the American Chemical Society、The Journal of Organic Chemistry、Organic Letters、Journal of Natural Products、Organic Process Research&Development、Chemical Reviews 等。

（三）Science Direct

Science Direct 由 Elsevier Science 公司出版，提供 1995 年以来的 4 200 多种期刊检索和全文下载服务，如 Tetrahedron、Tetrahedron Letters、Tetrahedron：Asymmetry、Journal of Catalysis 等。

（四）RSC Publishing

英国皇家化学学会（Royal Society of Chemistry，RSC）出版的期刊及数据库一直是化学领域的核心期刊和权威性数据库，涵盖核心化学科学及生物学、医学、材料、能源与环境、工程等相关领域，与有机化学有关的期刊有 Chemical Communications、Chemical Society Reviews、Green Chemistry 等。

第二章
有机化学实验基本操作

本章为有机化学实验基本操作，主要介绍了五个方面的内容，依次是重结晶、升华、蒸馏、分馏；萃取、干燥、浓缩、尾气吸收；色谱、简单玻璃加工；绿色有机合成、无水无氧操作、不对称合成；沸点、熔点、折射率的测定。

第一节 重结晶、升华、蒸馏、分馏

一、重结晶

（一）实验目的

（1）学习重结晶提纯固体有机化合物的原理和实验方法。

（2）掌握趁热过滤、减压过滤及剪、折叠滤纸的实验操作技术。

（3）培养严谨细致的实验习惯。

（二）实验原理

重结晶是提纯固体有机化合物最简单且最有效的方法，其原理是利用混合物中各组分在某种溶剂中的溶解度不同，或在同一溶剂中不同温度下的溶解度不同，而将它们相互分离。结晶的化合物容易确定其纯度，比液体或油状物容易鉴别。晶体可以通过两种方法得到：一是由加热固体冷却得到，即升华；二是由饱和溶液得到。后一种方法是有机化学实验室中较常用的方法。

1. 有机化合物的重结晶

用重结晶法提纯有机化合物一般包括五个步骤：溶解、过滤、结晶、晶体的收集和晶体的干燥。重结晶技术包括将不纯的固体溶解在适量的热溶剂中，再通过过滤除去不溶的杂质，将得到的热溶液放在一边慢慢冷却，纯化合物的晶体就会从溶液中慢慢析出。重结晶后的溶液一般称为母液，为什么得到的固体是纯的呢？因为结晶是一个平衡的过程：溶液中的分子与晶格中的分子处于平衡状态，晶格中的晶体是高度有序的，其他如杂质这些分子被排斥在晶格之外，而重新回到溶液中，因此目标化合物的分子留在晶格中，而杂质仍然保留在母液中。要使结晶成功，就要将热溶液慢慢冷却，这样，晶体形成的速度较慢，平衡过程不易被打破。如果冷却的速度较快，杂质分子有可能会被包裹在晶格当中，导致得到的晶体不纯，含有杂质。

（1）溶解

首先要解决的问题是选择合适的溶剂。重结晶用的溶剂应与被提纯的有机化合物不发生化学反应，具有较好的挥发性，容易与晶体分离，具有比重结晶固体的熔点要低的沸点，无毒性且不易燃，最重要的是化合物在热溶剂中能溶解，而在冷溶剂中几乎不溶解。多数情况下待重结晶的物质是已知化合物，通过查阅文献或实验手册就可以知道选用何种合适的溶剂。但对于一些未知物，就要事先选择好合适的溶剂，在实际工作中往往通过试验来选择溶剂。溶解度试验方法如下。

取 50 mg 待重结晶的物质于一小试管中，用滴管逐滴滴加溶剂，并不断振摇，待加入的溶剂为 1 mL 时，在水浴上加热至沸腾，待其完全溶解后，冷却，析出大量晶体，这种溶剂一般可认为适用。若样品在冷却和加热时都能溶于 1 mL 溶剂中，表示这种溶剂不适用。若样品不完全溶于 1 mL 沸腾的溶剂中，则可逐步添加溶剂（每次约 0.5 mL），并加热至沸腾；若加入溶剂总量达 3 mL，样品在加热时仍然不溶解，则表示这种溶剂不适用，必须另外寻找其他溶剂。如果难以找到一种合适的溶剂，则可采用混合溶剂。混合溶剂一般由两种能以任何比例互溶的溶剂组成，其中一种对被提纯物质的溶解度较大，而另一种对被提纯物质的溶解度较小。一般常用的混合溶剂有乙醇和水、乙醇与乙醚、乙醇和丙酮、乙醚和石油醚等。用混合溶剂重结晶时，一般先用适量溶解度较大的溶剂，加热使样品溶解（溶液若有颜色，则可用活性炭脱色），趁热过滤并除去不溶杂质，将滤液加热至接近沸点，然后慢慢滴加溶解度较小的溶剂至刚好出现浑浊，加热浑浊不消失时，再小心地滴加溶解度较大的溶剂，直到溶液变清，放置结晶。若已知两种溶剂的某一比例适用于重结晶，则可事先配好混合溶剂，按单一溶剂重结晶的方法操作。一旦找到合适的重结晶溶剂，即可准备将待重结晶的固体溶解。在溶解固体之前，最好称量一下固体的质量。此外，较大的晶体往往难于溶解，应事先将其碾细。

若选择的溶剂易燃、易挥发或有毒，应将粗产品置于圆底烧瓶中，同时加入沸石，烧瓶上安装回流冷凝管，同时根据溶剂的沸点和易燃性选择合适的热浴方式，以保证安全。添加溶剂时，必须先移去热源，从冷凝管上端加入。由于在加热过滤时溶剂的挥发、温度的降低会引起晶体过早地在滤纸上析出而造成产品的损失，所以一般比需要的量多加 20% 的溶剂。有时总有少量固体不能溶解，若出现这种情况，应将热溶液倒出或过滤，分出不溶物，在不溶剩余物中再加入溶剂，观察是否能溶解。如加热后慢慢溶解，说明此产品需要长时间加热才能完全溶解；如还不能溶解，则将其视为杂质去除。

（2）过滤

溶液加热至沸腾后，应迅速趁热过滤，除去一些不溶性固体，这些固体包括不溶的杂质、副产物或一些固体碎片（如沸石、玻璃或纸片等）。热溶液可以利用折叠好的菊花形滤纸进行过滤，用三角烧瓶来接收液体。如果有机化合物的溶液颜色较深，则需要待溶液稍冷却后加入活性炭，重新加热沸腾后再趁热过滤。根据杂质颜色的深浅，活性炭用量一般为固体用量的 2%左右。注意不能向正在沸腾或接近沸腾的溶液中加入活性炭，否则会引起溶液暴沸。加入活性炭后，将溶液煮沸 5～10 min，撤去热源，待溶液稳定后，趁热迅速过滤。抽滤装置如图 2-1-1所示。

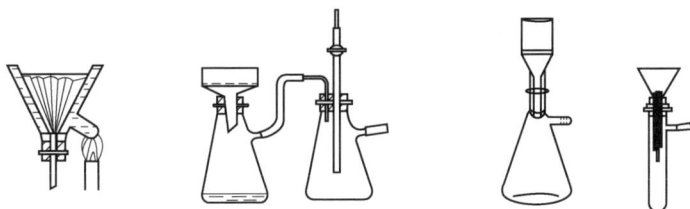

图 2-1-1　抽滤装置

过滤时，应先用少量热溶剂润湿滤纸，以免干滤纸吸收溶液中的溶剂时晶体析出而堵塞纸孔。漏斗上应盖上表面皿（凹面向下），主要起到保温和减少溶剂挥发的作用。过滤完毕，用少量热溶剂冲洗滤纸。若析出的晶体较多，必须用刮刀刮回原来的容器中，再加适量的溶剂溶解并过滤。为了加快过滤速度，最好使用扇形滤纸（又称折叠滤纸或菊花形滤纸）进行过滤，具体折法如图 2-1-2 所示。将圆形滤纸对折，然后再对折成四分之一，以边 2 对边 3 叠成边 4、5，以边 3 对边 4 叠成边 6，以边 3 对边 5叠成边 7，依次以边 1 对边 5 叠成边 9，边 2 对边 4 叠成边 8。在折叠时应注意，滤纸中心部位不可用力压得太紧，以免在过滤时，滤纸底部由于磨损而破裂。然后将滤纸在边 1 和边 9，边 5 和边 7，边 3 和边 6 等之间各朝相反方向折叠，做成扇形，打开滤纸，最后做成如图 2-1-2（f）所示的折叠滤纸，即可放在漏斗中使用。

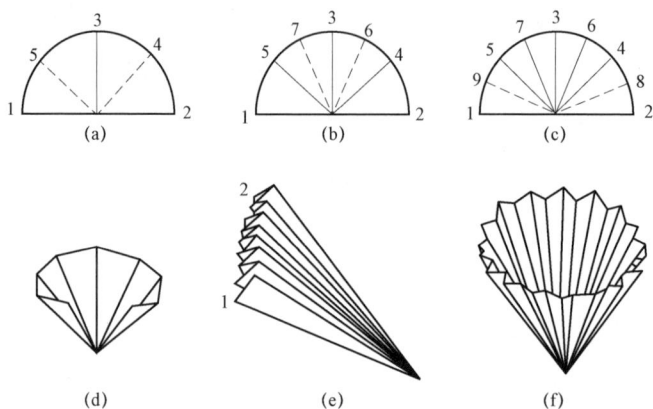

图 2-1-2　滤纸折叠方法

（3）结晶

将趁热收集到的热滤液的三角烧瓶静置，盖上表面皿，防止空气中的灰尘污染，让它慢慢冷却下来。冷却速度决定了晶体的大小，冷却速度加快将会产生一些细小的晶体，冷却速度太慢会形成一些较大的晶体，其中往往会夹杂母液造成干燥困难。化合物在低于其熔点 50 ℃时结晶速度最快，在低于其熔点 100 ℃时析出晶体的数量最多。通常还可以将三角烧瓶放到冰浴中，使溶液从室温冷却到 0 ℃，这样会析出更多晶体，但一些特殊情况下不能这样做，因为冷却时会有一些水分进入溶液中。如果溶液冷却后仍不结晶，可用玻璃棒摩擦器壁引发晶体的生成，也可以向溶液中投入"晶种"。"晶种"是在溶解固体之前从固体中挑出的较好的晶体，若没有析出晶体，反而得到油状物，则可将油状物加热至清液后，让其自然冷却至开始有油状物析出时立即剧烈搅拌，使油状物分散，也可搅拌至油状物消失。如果结晶不成功，则需要用色谱法、离子交换树脂法来提纯。

（4）晶体的收集

晶体完全析出后，通常使用过滤的方法将母液和晶体分开。过滤之后，晶体应用少量新鲜的溶剂洗涤。如果溶解时用的是混合溶剂，那么在洗涤时同样应用混合溶剂。如待结晶的化合物较为稀有或价值较大，重结晶用的母液（现在的滤液）还可以进行第二次结晶，也就是将母液中的溶剂蒸发一部分至饱和，再像前面那样冷却、结晶。但需要注意的是，第二次结晶得到的晶体一般不太纯，因为母液中杂质的浓度比第一次重结晶时的浓度高。所以千万不要将两批得到的晶体混合在一起，除非已经检测其纯度。

（5）晶体的干燥

用重结晶法纯化后的固体，其表面还吸附有少量溶剂，因此，需要将晶体干燥到恒定的质量，固体的干燥在后面将详细讨论。

2. 特殊的重结晶技术

（1）微量重结晶（如 Craig 结晶管重结晶等）

Craig 结晶管对于少于 100 mg 的固体重结晶特别有用，其主要优点是转移固体材料的次数最少，从而使晶体的产量最大化。用 Craig 结晶管从母液中分离出晶体非常有效，并且干燥晶体所需的时间很短，其步骤与使用三角烧瓶和 Hirsch 漏斗进行的大规模结晶基本相同：将固体置于 Craig 结晶管中，将几滴热溶剂添加到 Craig 结晶管中，然后将其在沙浴中加热，同时旋转并用微量刮刀连续搅拌，这有助于溶解溶质并防止沸腾的液体溢出。加入额外部分的热溶剂，直到固体完全溶解。不要添加太多溶剂，这样才能使产量最大化。将热溶液在 Craig 管中缓慢冷却至室温，在室温下完成结晶，将 Craig 管放入冰浴中以使产量最大化。结晶完成后，用细铜线绕在 Craig 管上（见图 2-1-3（a）），并在其顶部放置一个离心管。将铜线弯折挂在离心管的侧面（见图 2-1-3（b）），将离心管倒置（见图 2-1-3（c））。溶剂从 Craig 管中渗出，将试管离心几分钟，以完成母液与晶体的分离，然后使用微量刮刀将晶体从内塞的末端或 Craig 管内刮下。

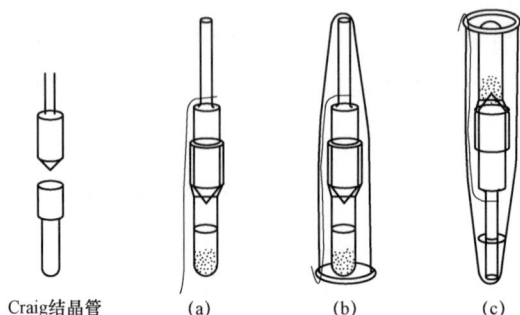

图 2-1-3　微量重结晶装置

（2）单晶的培养

在用 X 射线确定化合物结构时，常需要很好的单晶。因此掌握培养单晶的技术是相当重要的，因为这一实验难以成功，所以需要极大的耐心。培养单晶最方便的办法就是让溶液中的溶剂在结晶烧瓶中慢慢挥发：一种是将烧瓶在室温下敞口放置，让溶剂慢慢挥发；另一种培养单晶的方法是通过两种不同的溶剂相互稀释。在用来重结晶的混合溶剂中，溶解度大的溶剂比溶解度小的溶剂的量要多。将化合物溶解于少量溶解度大的溶剂（如二氯甲烷等）中，所用容器的体积应小而窄；再慢慢加入相同体积的另一种溶解度小的溶剂，盖上塞子，静置一边。最好是使两种溶剂的界面能看清楚。在接下来的几个小时或几天里，在两层之间慢慢出现浑浊，在界面上将产生晶体。尽管这个过程相当慢，但容易形成较好质量的单晶。

（三）仪器和试剂

1. 主要仪器

150 mL 三角烧瓶、热水漏斗、抽滤装置、烧杯、表面皿。

2. 主要试剂

粗乙酰苯胺、活性炭。

（四）实验步骤

称取 2 g 粗乙酰苯胺于 150 mL 三角烧瓶中，加入适量纯水，加热至沸腾，直至乙酰苯胺溶解。若乙酰苯胺不溶解，可添加少量热水，搅拌并加热至接近沸腾，使乙酰苯胺溶解。稍冷却后，加入适量活性炭于溶液中，煮沸 5～10 min，趁热用放有折叠滤纸的热水漏斗过滤，用三角烧瓶收集滤液。在过滤过程中，热水漏斗和溶液均用小火加热保温以免冷却。滤液放置冷却后，会有乙酰苯胺结晶析出，然后抽滤。抽干后，用玻璃棒或玻璃瓶塞挤压晶体，继续抽滤，尽量除去母液，然后进行晶体的洗涤工作。取出晶体，放在表面皿上晾干，或在 100 ℃以下烘干，称量。

需要注意一点，乙酰苯胺的熔点为 114 ℃。乙酰苯胺在水中的溶解度：5.5 g/100 mL（100 ℃），0.53 g/100 mL（25 ℃）。

（五）注意事项

（1）折叠滤纸能提供较大的过滤表面，使过滤加快，同时可减小在过滤时析出晶体的可能性。注意在折叠时尖端处不要用力折压，以免滤纸破损。在过滤时，将折叠滤纸翻转后放入漏斗，使洁净面接触漏斗壁，避免在折叠过程中被手指弄脏的一面接触滤过的溶液。

（2）布氏漏斗常用于抽滤，是一种陶瓷仪器，底部有许多小孔，有大小不一的各种规格（以直径计），选用时与所要过滤物的量相称。抽滤少量的结晶时，可用玻璃钉漏斗，以抽滤管代替抽滤瓶。

（3）安全瓶的作用是调节真空度，防止水倒流入抽滤瓶内。

（六）拓展应用

重结晶是一种利用结晶过程中不同物质溶解度的差别而将固体物质分离提纯的方法。固体化合物在溶剂中的溶解度与温度有密切关系，一般是温度升高，溶解度增大。若把固体溶解在热溶剂中使其达到饱和，冷却时即由于溶解度降低，溶液由于过度饱和而析出结晶。例如，农药中间体灭多威的精制过程就是典型的重结晶过程。

二、升华

（一）实验目的

（1）学习升华的原理及意义。
（2）掌握升华的实验操作技术。
（3）培养学生理论联系实际的能力，遵守操作规范。

（二）实验原理

升华是纯化固体物质的另外一种方法，特别适用于纯化在熔点温度以下、蒸气压较高（高于 20 mmHg）的固体物质。利用升华可除去不挥发性杂质或分离不同挥发度的固体混合物，其产品具有较高的纯度，但操作时间长，损失较大，因此在实验室里升华一般用于较少量（1～2 g）化合物的提纯。

与液体相同，固体物质也有一定的蒸气压，并随温度而变。固体物质自固态不经过液态而直接转化为气态，这个过程称为升华。常采用升华的方法提纯某些固体物质，其原理是利用固体混合物中的被纯化固体物质与其他固体物质（或杂质）具有不同的蒸气压。若一种固体物质在熔点温度以下具有足够大的蒸气压，则可用升华方法来提纯。显然，待纯化物中杂质的蒸气压必须很低，分离效果才好。但在常压下具有适宜升华蒸气压的有机物不多，因此常常需要减压以增加固体的升华速率，即减压升华。

把待精制的物质放入蒸发皿中，用一张具有若干小孔的圆形滤纸把锥形漏斗的口包起来，把此漏斗倒盖在蒸发皿上，漏斗颈部塞一团棉花，然后加热蒸发皿，随着温度的逐渐升高，使待精制的物质升华，蒸气通过滤纸孔到达漏斗内壁即冷凝为晶体，附在漏斗内壁和滤纸上。滤纸上的小孔可防止升华后形成的晶体落回下面的蒸发皿中。较大量物质的升华可在烧杯中进行，操作方法：烧杯上放置一个通冷水的烧瓶，使蒸气在烧瓶底部凝结成晶体并附在瓶底上。升华前，必须把待精制的物质充分干燥。

（三）仪器和试剂

1. 主要仪器

常压升华装置、冷凝纸、烧杯、蒸发皿、表面皿。

2. 主要试剂

粗樟脑、粗萘。

（四）实验步骤

1. 樟脑的常压升华

称取 0.5 g 粗樟脑，采用常压升华装置进行升华，将其缓慢加热并控温在 179 ℃ 以下，数分钟后，可轻轻地取下漏斗，小心翻起滤纸。如发现下面已挂满了樟脑，则可将其移入干燥的样品瓶中，并立即重复上述操作，直到樟脑升华完毕为止。此时，樟脑中的杂质会留在蒸发皿底部，纯樟脑的熔点为 179 ℃。

2. 萘的减压升华

称取 0.5 g 粗萘，置于直径 2.5 cm 的抽滤管中，且使萘尽量摊匀，然后装一个直径为 1.5 cm 的冷凝指，冷凝指内通冷凝水，利用水泵或油泵对抽滤管进行减压。将抽滤管置于 80 ℃以下水浴中加热，使萘升华，待冷凝指底部挂满升华的萘时，即可慢慢停止减压，小心取下冷凝指，将萘收集到干燥的表面皿中。反复进行上述操作，直到萘升华完毕为止，纯萘的熔点为80.6 ℃，本实验约需 4～6 h。

（五）注意事项

（1）升华发生在物质的表面，应将待升华的样品细细研磨。注意被升华物一定要干燥，如有溶剂则会影响升华后固体的凝结。

（2）刺孔向上，以避免升华上来的物质再落到蒸发皿内。

（3）提高升华温度可以加快升华速度，但会使产物晶体变小，产物纯度下降。注意在任何情况下，升华温度均应低于物质的熔点。

（4）升华面到冷凝面的距离必须尽可能短，以便加快升华速度。

（六）拓展应用

"升华提纯技术的应用领域涉及有机合成中间体、天然提取物、无机材料、有机光电材料、香料等化学品的提纯、分离与精制。"[1]许多化学品如咖啡因、草酸、水杨酸、对硝基苯甲酸、氨基蒽醌、均苯四甲酸二酐等都具有升华特性。利用物质的升华特性进行升华分离，可从粗品中分离得到纯度很高的产品。

三、蒸馏

（一）实验目的

（1）学习简单蒸馏的原理及意义。

（2）掌握简单蒸馏的实验操作技术。

---

① 李清洁，费荣杰，丁春玉，等. 升华提纯技术应用和发展趋势［J］. 化工时刊，2016（11）：28-35.

（3）熟悉常量法测定沸点的方法。

（4）培养独立思考问题、分析问题的能力。

（二）实验原理

在有机化学实验中，蒸馏是一种纯化挥发性液体的重要方法。它包括加热使物质汽化，然后将蒸气冷却重新变成液体的过程。在实际应用中，常根据待纯化物质的性质和杂质的性质不同来选择适当的蒸馏方式。常用的蒸馏技术包括简单蒸馏、连续蒸馏、减压蒸馏、短径蒸馏、微量蒸馏和水蒸气蒸馏等。

1. 气液平衡

当液态物质受热时，蒸气压增大，当蒸气压增大到和大气压或所给压力相等时，液体沸腾，即达到沸点。对于一些加热不分解的纯液态有机化合物，每种化合物在一定压力下都具有固定的沸点，且沸点会随压力而改变。蒸馏纯净的液体时，温度上升到液体的沸点便不再上升。达到沸点时，液相和气相相互达成一个热平衡，这样蒸馏就会在一个恒定的温度下进行。如果要纯化的混合物中，95%是所需要的物质，5%是杂质，或 50%是产物，50%是起始原料，则都要先考虑液体的挥发性对蒸馏的影响。

相互混溶的液态有机化合物的蒸馏遵循两条定律——"Dalton 分压定律"[1]和"Raoult 定律"[2]。Dalton 分压定律认为，气体的总压力或液体的蒸气压（p）等于各组分气体（组分 p_A 和组分 p_B）的分压力（p_A 和 p_A）之和，即：

$$p = p_A + p_B$$

Raoult 定律认为，在一定的温度和压力下，每一组分气体的压力（p_A）

---

① 黄承遇. 化工热力学 [M]. 北京：化学工业出版社，1990.

② 袁军，孙传庆. 二元双液系的界面结构与 Raoult 定律 [J]. 石河子大学学报（自然科学版），2002（1）：69-71.

等于该气体的纯化合物的压力（$p_A^{纯}$）乘以该组分在混合气体中的摩尔分数（X_A），即：

$$p_A = p_A^{纯} \times X_A$$

因此，混合液体的蒸气压与各组分纯物质的蒸气压和混合物中各组分的摩尔分数有关。

2. 简单蒸馏

蒸馏装置主要包括汽化、冷凝和接收装置三部分，仪器主要包括圆底烧瓶、蒸馏头、冷凝管、接液管和事先称重的接收瓶。装置的安装一般先从热源开始，然后按照从下到上、从左到右的顺序进行安装，且应确保所有仪器都被铁夹固定好。使用玻璃仪器的大小应根据所蒸馏的量来选择，一般实验室蒸馏的实验规模是 2～100 g；有时也会蒸馏较少量的液体（2～10 g），则应选用较小的蒸馏装置；如果是更小规模的蒸馏（50 mg～2 g），则应选用短径蒸馏技术。不论是多大规模的蒸馏，蒸馏烧瓶的体积应是被蒸馏液体体积的 1.5 倍。

将准备蒸馏的液体用漏斗通过蒸馏头慢慢加入蒸馏烧瓶中，再加入 2～3 粒沸石防止暴沸。在蒸馏头上加上温度计套管并装上温度计，同时调节水银球的高度，使水银球的上缘恰好与蒸馏头支管接口的下缘在同一水平线上，选择合适的热源加热蒸馏烧瓶。对于沸点低于 85 ℃ 的易燃液体，应用热水浴或蒸汽浴加热，沸点高的液体可选用油浴或电热套加热。当液体开始沸腾时，可用多个接收瓶分批接收液体。蒸馏沸点低于 130 ℃ 的有机液体时，用直形冷凝管冷凝，冷凝水应从夹套的下口进入，上口流出，以保证冷凝管夹套中充满水。蒸馏沸点高于 130 ℃ 的液体时，应改用空气冷凝管。

当待分离的两种液体的沸点相差 30 ℃ 以上时，就可以通过简单蒸馏将其分开。如果待分离的液体已经有较高的纯度，并且里面只含有少量沸点高的杂质，则在蒸馏时，当温度上升，用事先称重的接收瓶收集少量的液体；当温度达到一个恒定值时，换另一个事先称重的接收瓶，收集完大部分主要组分后停止加热。注意千万不要将液体蒸干，一般应留少量残液在蒸馏烧瓶中。

（三）仪器和试剂

1. 主要仪器

100 mL 圆底烧瓶、蒸馏头、温度计套管、温度计、直形冷凝管、三角烧瓶、烧杯、真空接引管、量筒、电热套。

2. 主要试剂

无水乙醇、沸石。

（四）实验步骤

在 100 mL 圆底烧瓶中加入 40 mL 无水乙醇和 2 粒沸石，搭建蒸馏装置（改用电热套作为热源）。开通冷却水，之后开始加热，当蒸气到达水银球周围时，温度计读数会迅速上升，记录第一滴馏出液滴入接收器时的温度。调整加热温度，控制馏出速度为 1～2 滴/s，分别记录馏出液为 5 mL、10 mL、15 mL、20 mL、25 mL、30 mL、35 mL 时的具体温度读数。用坐标纸以馏出液体积为横坐标、温度为纵坐标画出蒸馏曲线图。

本实验约需 3 h。

四、分馏

（一）实验目的

（1）了解分馏的原理及其意义。

（2）掌握实验室分馏的实验操作技术。

（3）培养学生严谨的学习态度。

（二）实验原理

通过简单蒸馏不能有效分离沸点相差小于 30 ℃的液体混合物，此时就需要用到分馏技术。分馏装置与简单蒸馏装置相比仅仅多了一支分馏柱，分馏柱装在蒸馏头和蒸馏烧瓶之间。分馏柱必须垂直放置，为避免热量的散失，一般用一层铝箔包在外面。因为在分馏时需收集不同的组分，在冷凝管后面一般应装上三叉燕尾管作为接液管。使用三叉燕尾管的目的是在接收不同的细分时，只要转动三叉燕尾管即可，而不用更换接收瓶。

分馏是怎样进行的呢？实际上就是使沸腾的混合物蒸气通过分馏柱进行一系列的热交换。由于柱外空气的冷却，蒸气中高沸点的组分就被冷却为液体，回流入烧瓶中，故上升的蒸气中高沸点的组分相对减少，低沸点的组分相对增加。当冷凝回流途中遇到上升的蒸气，两者之间又进行热交换，上升的蒸气中高沸点的组分又被冷凝，低沸点的组分仍继续上升，易挥发的组分增加了，如此在分馏柱内反复进行着汽化、冷凝、回流等过程。当分馏柱的效率相当高且操作得当时，在分馏柱顶部出来的蒸气几乎全是低沸点的组分，再通过冷凝管冷却便可将低沸点液体分离出来，最终便可将沸点不同的物质分离出来。

影响分馏效率的因素有回流比、理论塔板数、柱的保温和填料。回流比，即单位时间内由柱顶冷凝返回柱中液体的量与蒸出物量之比。柱的残液量是指当蒸馏结束后仍然留在柱中的液体的数量。当表面积较大、塔板数较高时，就会有较大的残液量。因此，尽管使用较长的分馏柱可以提高分馏效率，但同时也增加了样品的损失。较好的分馏柱可以将沸点差别在0.5 ℃以内的混合物分开，当然这需要更为复杂而又精细的仪器。

（三）仪器和试剂

1. 主要仪器

100 mL 圆底烧瓶、蒸馏头、分馏柱、温度计套管、温度计、直形冷凝管、三角烧瓶、烧杯、真空接引管、量筒。

2. 主要试剂

无水乙醇、沸石。

（四）实验步骤

在 100 mL 圆底烧瓶中加入 40 mL 无水乙醇和 2 粒沸石，搭建分馏装置（用电热套作为热源）。开通冷却水，加热，当蒸气到达水银球周围时，温度计读数迅速上升，这时记录第一滴馏出液滴入接收器时的温度。调整加热温度，控制馏出速度为每 2～3 滴/s，分别记录馏出液 5 mL、10 mL、15 mL、20 mL、25 mL、30 mL、35 mL 时的具体温度读数。用坐标纸以馏出液体积为横坐标、温度为纵坐标画出分馏曲线图。

本实验约需 3 h。

第二节　萃取、干燥、浓缩、尾气吸收

一、萃取

（一）实验目的

（1）学习萃取与洗涤的原理及其实验方法。

（2）掌握分液漏斗操作技术。

（3）以青蒿素的提取为例，增强学生的专业自豪感和家国情怀。

（二）实验原理

"萃取是物质从一相向另一相转移的操作过程，是有机化学实验中用来分离或纯化有机化合物的基本操作之一"①。

根据被提取物质状态的不同，萃取可分为三种：（1）用溶剂从液体混合物中提取所需物质，称为液-液萃取；（2）用溶剂从固体混合物中提取所需物质，称为液-固萃取；（3）利用固体吸附剂将液体样品中的目标化合物吸附出来，称为固相萃取。

1. 液-液萃取

液-液萃取是利用物质在两种互不相溶（或微溶）的溶剂中溶解度或分配系数的不同，使物质从一种溶剂转移到另一种溶剂中。分配定律是液-液萃取的主要理论依据。在两种互不相溶的混合溶剂中加入某种可溶性物质时，它能以不同的溶解度分别溶于这两种溶剂中。实验证明，在一定温度下，若该物质的分子在这两种溶剂中不发生分解、电离、缔合和溶剂化等现象，则此物质在两种溶剂中的浓度之比是一个常数，不论所加物质的量是多少都是如此。

一般从水溶液中萃取有机物时，要选择合适萃取溶剂，其选择原则是：溶剂在水中溶解度很小或几乎不溶；被萃取物在溶剂中要比在水中溶解度大；溶剂与水和被萃取物都不反应；萃取后溶剂易与溶质分离开，因此最好用低沸点溶剂，萃取后溶剂可通过常压蒸馏回收。此外，价格便宜、操作方便、毒性小、不易着火也应是考虑的主要因素。经常使用的萃取溶剂有：乙醚、苯、四氯化碳、氯仿、石油醚、二氯甲烷、二氯乙烷、正丁醇、

---

① 何树华，秦宗会，徐建华. 基础化学实验 [M]. 成都：西南交通大学出版社，2017.

醋酸酯等。一般水溶性较小的物质可用石油醚萃取，水溶性较大的物质可用苯或乙醚萃取，水溶性极大的物质可用乙酸乙酯萃取。

2. 液-固萃取

从固体混合物中萃取所需要的物质是利用固体物质在溶剂中的溶解度不同来达到分离、提取目的，通常用长期浸出法或采用 Soxhlet 提取器（脂肪提取器）来提取物质。

长期浸出法是用溶剂长期的浸润溶解而将固体物质中所需物质浸出来，然后用过滤或倾析的方法把萃取液和残留的固体分开。这种方法效率不高，时间长，溶剂用量大，因此实验室不常采用这一方法。

Soxhlet 提取器是利用溶剂加热回流及虹吸原理，使固体物质每一次都能被纯溶剂所萃取，因而效率较高并节约溶剂，但对受热易分解或变色的物质不宜采用。

3. 固相萃取

利用分析物在不同介质中被吸附的能力差将标的物提纯，有效地将标的物与干扰组分分离，极大增强了对分析物，特别是痕量分析物的检出能力，提高了被测样品的回收率。较常用的方法是使液体样品溶液通过吸附剂，保留其中的被测物质，再选用适当强度的溶剂冲去杂质，然后用少量溶剂迅速洗脱被测物质，从而达到快速分离净化与浓缩的目的。也可选择性吸附干扰杂质，而让被测物质流出；或同时吸附杂质和被测物质，再使用合适的溶剂选择性洗脱被测物质。

（三）仪器和试剂

1. 主要仪器

100 mL 圆底烧瓶、球形冷凝管、分液漏斗、量筒、三角烧瓶、烧杯。

2. 主要试剂

苯甲酸、萘、乙醚、5% NaOH 溶液、浓盐酸、饱和食盐水。

（四）实验步骤

分别称取苯甲酸、萘各 2 g 置于圆底烧瓶中，加入 30 mL 乙醚和 2 粒沸石，圆底烧瓶上安装球形冷凝管，通冷凝水后水浴加热回流，使固体溶解。待固体完全溶解后冷却。将此乙醚液倒入 125 mL 的分液漏斗中，之后分别用 20 mL 5% NaOH 溶液萃取三次，混合碱萃取液，再分别用 15 mL 乙醚萃取碱液中的萘两次，将所得的醚液与上面的醚液合并。所得的碱液用浓盐酸中和至酸性，析出固体，将固体抽滤后可得苯甲酸。

所得到的醚溶液分别用 20 mL 饱和食盐水洗涤两次，然后用蒸馏水洗至中性。干燥后，将醚液移入烧瓶中水浴蒸馏，蒸出大部分乙醚，直到有大量固体萘析出后，停止蒸馏，取出固体，自然晾干。所得到的苯甲酸、萘可分别进行重结晶，测定其熔点。

本实验约需 4～6 h。

二、干燥

干燥是常用的除去固体、液体或气体中少量水分或少量有机溶剂的方法。例如，在进行有机物波谱分析、定性或定量分析及测物理常数时，往往要求预先干燥，否则测定结果不准确。液体有机物在蒸馏前也需干燥，否则沸点前由于馏分较多，从而损失产物，甚至沸点不准。此外，许多有机反应需要在无机条件下进行。因此，溶剂、原料和仪器等均需干燥。可见在有机化学实验中，试剂和产品的干燥具有重要的意义。

（一）干燥方法

干燥方法可分为物理方法和化学方法两种。

1. 物理方法

物理方法包括烘干、晾干、吸附、分馏、共沸蒸馏和冷冻等，近年来还常用离子交换树脂和分子筛等方法进行干燥。离子交换树脂是一种不溶于水、酸、碱和有机溶剂的高分子聚合物，分子筛是含水硅铝酸盐的晶体。

2. 化学方法

化学方法即采用干燥剂来除水，根据除水作用原理又可分为两种：

一种是能与水可逆地结合，生成水合物，例如：

$$CaCl_2 + nH_2O \rightleftharpoons CaCl_2 \cdot nH_2O$$

另一种是与水发生不可逆的化学变化，生成新的化合物，例如：

$$2Na + 2H_2O \Longrightarrow 2NaOH + H_2\uparrow$$

使用干燥剂时要注意以下几点。

（1）干燥剂与水的反应为可逆反应时，反应达到平衡状态需要一定时间。因此，加入干燥剂后，一般最少要 2 h 或更长时间后才能有较好的干燥效果。因反应可逆，所以不能将水完全除尽，故干燥剂的加入量要适当，一般为溶液体积的 5% 左右。当温度升高时，这种可逆反应的平衡向脱水方向移动，所以在蒸馏前，必须将干燥剂滤除，否则被除去的水将返回液体中。另外，若把盐倒（或留）在蒸馏瓶底，受热时会发生迸溅。

（2）干燥剂与水发生不可逆反应时，使用这类干燥剂在蒸馏前不必滤除。

（3）干燥剂只适用于干燥少量水分。若水的含量大，则干燥效果不好。为此，萃取时应尽量将水层分尽，这样干燥效果好，且产物损失少。

（二）液体有机化合物的干燥

1. 干燥剂的选择

干燥剂应与被干燥的液体有机化合物不会发生化学反应，包括溶解、配位、缔合和催化等作用。例如，酸性化合物不能用碱性干燥剂干燥。

2. 使用干燥剂时的注意事项

干燥效能是指达到平衡时液体被干燥的程度，对于形成水合物的无机盐干燥剂，常用吸水后结晶水的蒸气压来表示干燥效能。例如，硫酸钠能形成 $Na_2SO_4 \cdot 10H_2O$，在 25 ℃时的蒸气压为 260 Pa；氯化钙最多能形成 $CaCl_2 \cdot 6H_2O$，其吸水容量为 0.97，在 25 ℃时的蒸气压为 39 Pa。因此，硫酸钠的吸水容量较大，但干燥效能弱；氯化钙的吸水容量较小，但干燥效能强。在干燥含水量较大而又不易干燥的化合物时，常先用吸水容量较大的干燥剂除去大部分水，再用干燥效能强的干燥剂进行干燥。

3. 干燥剂的用量

根据水在液体中的溶解度和干燥剂的吸水量，可计算出干燥剂的最低用量，但是，干燥剂的实际用量是大大超过计算量的。一般干燥剂的用量为每 10 mL 液体约需 0.5～1 g 干燥剂。但在实际操作中，主要通过现场观察来判断。

（1）观察被干燥液体。干燥前，液体呈浑浊状，经干燥后变澄清，这可简单地认为水分已经基本除去的标志。例如，在环己烯中加入无水氯化钙进行干燥，未加干燥剂之前，由于环己烯中含有水，环己烯不溶于水，溶液处于浑浊状态。当加入干燥剂吸水后，环己烯呈清澈透明状，即表明干燥合格；否则应补加适量干燥剂继续干燥。

（2）观察干燥剂。例如，用无水氯化钙干燥乙醚时，乙醚中的水无论除尽与否，溶液总是呈清澈透明状，判断干燥剂用量是否合适，则应看干燥剂的状态。加入干燥剂后，因其吸水变黏而粘在器壁上，摇动不易旋转，表明干燥剂用量不够，应适量补加无水氯化钙，直到新加的干燥剂不结块，不粘壁，干燥剂棱角分明，摇动时旋转并悬浮（尤其是 $MgSO_4$ 等小晶粒干燥剂），表示所加干燥剂用量合适。由于干燥剂还会吸收一部分有机液体，影响产品收率，故干燥剂用量应适中。加入少量干燥剂后应静置一段时间，观察用量不足时再补加。

4. 干燥时的温度

对于生成水合物的干燥剂，加热虽可加快干燥速度，但远远不如水合物放出水的速度快，因此，干燥通常在室温下进行。

5. 操作步骤与要点

首先把待干燥液中的水分尽可能除尽，不应有任何可见的水层或悬浮水珠。然后把待干燥的液体加入三角烧瓶中，取颗粒大小合适（如无水氯化钙应为黄豆粒大小并不夹带粉末）的干燥剂加入液体中，用塞子盖住瓶口，轻轻振摇，及时观察，判断干燥剂是否足量，静置半小时（最好过夜），最后把干燥好的液体滤入蒸馏瓶中进行蒸馏。

（三）固体有机化合物的干燥

干燥固体有机化合物，主要是为除去残留在固体中的少量低沸点溶剂，如水、乙醚、乙醇、丙酮、苯等。由于固体有机物的挥发性比溶剂小，所以采取蒸发和吸附的方法来达到干燥的目的，常用的干燥方法如下。

（1）晾干。

（2）烘干：用恒温烘箱、恒温真空干燥箱或红外灯烘干。

（3）冻干。

（4）遇难抽干溶剂时，把固体从布氏漏斗中转移到滤纸上，上下均放2～3层滤纸，挤压，使溶剂被滤纸吸干。

（5）干燥器干燥。所用干燥器有普通干燥器、真空干燥器、真空恒温干燥器（干燥枪）。

（四）气体的干燥

在有机化学实验中常用气体有 N_2、O_2、H_2、Cl_2、NH_3、CO_2 等，有时要求气体中只含很少或几乎不含 CO_2、H_2O 等，因此，就需要对上述气体进行干燥，干燥气体常用的仪器有干燥管、干燥塔、U 形管、各种洗气瓶（常用来盛液体干燥剂）等。

三、溶液浓缩

溶液浓缩，指使溶剂蒸发而提高溶液的浓度，泛指使不需要的部分减少含量而增加需要部分的相对含量，就是从溶液中除去部分溶剂（通常是水）的操作过程，也是溶质和溶剂均匀混合液的部分分离过程。通过浓缩可除去食品中大量的水分，减小质量和体积，降低食品包装、贮存和运输费用；可以提高制品浓度，增大渗透压，降低水分活度，抑制微生物生长，延长保质期；可作为干燥、结晶或完全脱水的预处理过程；可以降低食品脱水过程中的能耗，从而降低生产成本；还可以有效去除不理想的挥发性物质和不良风味，提高产品质量，但是物料在浓缩过程中会丧失某些风味或营养物质，因此，选择合理的浓缩方法和适宜的条件是非常重要的。

（一）平衡浓缩和非平衡浓缩

浓缩方法从原理上讲分为平衡浓缩和非平衡浓缩两种。

1. 平衡浓缩

平衡浓缩是利用两相在分配上的某种差异而获得溶质和溶剂分离的方法，蒸发浓缩和冷冻浓缩属于平衡浓缩。其中，蒸发浓缩是利用溶剂和溶质挥发度的差异，获得一个有利的气液平衡条件，达到分离目的；冷冻浓缩是利用稀溶液与固态冰在凝固点下的平衡关系，即利用有利的液固平衡条件达到分离目的。以上两种浓缩方法都是通过热量的传递来完成的。不论蒸发浓缩还是冷冻浓缩，两相都是直接接触的，所以称为平衡浓缩。

2. 非平衡浓缩

非平衡浓缩是利用固体半透膜来分离溶质与溶剂的过程。两相被膜隔开，分离不靠两相的直接接触，故称为非平衡浓缩。利用半透膜不但可以分离溶质和溶剂，还可以分离各种不同大小的溶质，膜浓缩过程是通过压力差或电位差来完成的。

（二）常用浓缩方法

常用浓缩方法包括以下几种。

1. 沉淀法

在抽提液中加入适量的中性盐或有机溶剂，使有效成分变为沉淀。经离心后除去不溶物，获得的上清液通过透析或凝胶过滤脱盐，即可供纯化使用。

2. 吸附法

将干葡聚糖凝胶 G25（或吸水棒）加入抽提液中，两者比例为 1:5。

由于凝胶吸水，抽提液的体积可缩小为原来的 1/3 左右，回收蛋白质量约 80%。若凝胶（或吸水棒）对有效成分吸附力强或吸水后对有效成分的性质有影响，则此法不宜采用。

3. 超过滤法

把抽提液装入超过滤装置，通常在空气或氮气中（5.05×10^5 Pa）进行操作，使小分子物质（包括水分）通过半透膜（如硝酸纤维素膜），大分子物质留在膜内。

4. 透析法

把装抽提液的透析袋埋在吸水力强的聚乙二醇（Polyetheylene Glycol，PEG，分子量大于 20 kDa）或甘油中，10 mL 抽提液可在 1 h 内浓缩到几乎无水的程度。

5. 减压蒸馏法

将抽提液装入减压蒸馏器的圆底烧瓶中，在减压真空状态下进行蒸馏。当真空度较高时，溶液的沸点可控制在 30 ℃以下。这种方法一般适用于常温下稳定性好的物质。

6. 冷冻干燥法

冷冻的抽提液在真空状态下，可以由固体直接变为气体。用此原理进行浓缩，有效成分几乎不会被破坏。冻干机主要由低温干燥箱、真空泵和冷冻机构成。在冻干小体积样品时，可以将其置于玻璃真空干燥器中进行。具体做法是：把分装至小瓶中的样品冷冻后放入装有五氧化二磷或硅胶吸水剂的真空干燥器中，连续抽真空使其达到浓缩、干燥状态。

四、尾气吸收

在有机化学实验中，常用有刺激性甚至有毒的化合物（如氯、溴、氯化氢、溴化氢、三氧化硫、光气等）作为反应物，多数情况下这些反应物不能完全转化，会散发到空气中；有些实验中合成的产物是有害气体；有些实验的副产物是有害气体，如氯化氢、溴化氢、二氧化硫、氧化氮等。无论是从实验者的安全还是从环境保护角度考虑，都必须对有害气体进行处理，最方便、最有效的方法是用吸收剂将其吸收后再做处理。气体吸收主要有两种方法：一种是物理吸收法，即气体溶解于吸收剂中；另一种是化学吸收法，即气体与吸收剂反应生成新的物质。物理吸收法使用的吸收剂由气体的溶解度决定，如有机物气体常用有机溶剂作吸收剂，而无机物气体常用水作吸收剂。卤化氢可由水吸收得到稀的氢卤酸溶液，少量的氯也可用水吸收得到氯水。化学吸收法的吸收剂由被吸收的气体的化学性质决定。酸性气体如卤化氢、二氧化硫、硫醇等可用 $NaOH$、Na_2CO_3 等碱性溶液吸收，氯也可用碱溶液吸收。碱性气体如有机胺可用稀盐酸溶液吸收。

第三节　色谱、简单玻璃加工

一、色谱

色谱，又称层析，是分离、提纯和鉴定有机化合物的重要方法，其分离原理是利用混合物中各个成分物理和化学性质的差别。当选择某一个条件使各个成分流过支持剂或吸附剂时，各成分可由于其性质的不同而得到分离。色谱法的分离效果远比分馏、重结晶等一般方法好，而且适用于常量、少量或微量物质的处理。近年来，这一方法在化学、生物学、医学中得到了广泛应用。色谱法可分为吸附色谱、分配色谱、离子交换色谱、凝胶色谱等；根据操作条件的不同，色谱法又可分为柱色谱、薄层色谱、纸色谱等类型。

（一）薄层色谱

1. 实验目的

（1）学习薄层色谱的原理及其意义。

（2）掌握薄层色谱的实验操作技术。

（3）培养动手能力和严谨的学习态度。

2. 实验原理

薄层色谱，又称薄层层析，是快速分离和定性分析微量物质的一种重要的实验技术，具有设备简单、操作方便而快捷的特点。它是将固定相支持物均匀地铺在载玻片上制成薄层板，将样品溶液点加在起点处，置于层析容器中用合适的溶剂展开而达到分离的目的。薄层色谱可用于精制样品、化合物鉴定、跟踪反应进程和柱色谱的先导（为柱色谱摸索最佳条件）等方面。薄层色谱也可以分离较大量的样品（可达几百毫克），特别适用于挥发性较低或在高温下易发生变化而不能用气相色谱进行分离的化合物。

薄层色谱按分离机制不同可分为吸附薄层色谱、分配薄层色谱、离子交换薄层色谱等，最常用的为吸附薄层色谱。吸附薄层色谱中，样品在薄层板上连续、反复地被吸附剂吸附及展开剂解吸，由于不同的物质被吸附及解吸的能力不同，故在薄层板上以不同速度移动而得以分离。通常用比移值（R_f 值）表示物质移动的相对距离。

物质的 R_f 值随化合物的结构、薄层板、吸附剂、展开剂的性质及温度而变化，但在一定条件下每一种化合物的 R_f 值都为一个特定的数值。故在相同条件下分别测定已知和未知化合物的 R_f 值，再进行对照，即可确定是否为同一物质。下面介绍吸附薄层色谱的操作规程。

（1）吸附剂的选择

一种合适的吸附剂应该具备的条件是：① 它能够可逆地吸附被层析的物质；② 它不会引起被吸附物质的化学变化；③ 它的粒度大小应该能使展开剂以合适的速率展开。此外，吸附剂最好是白色或浅色的。最常用的吸附剂是硅胶和氧化铝，其颗粒的大小对层析速率、分离效果均有明显的影响。颗粒太大，其总表面积相对小，吸附量低，展开速率快，层析后组分的斑点较大，不集中，分离效果不好；反之，颗粒太小，层析速率慢，各组分分不开，效果也不好。一般干法铺层所用的硅胶和氧化铝颗粒大小以 150～200 目较合适，湿法铺层则要求 200 目以上。

吸附薄层色谱和吸附柱色谱一样，化合物的吸附能力与它们的极性成正比，具有较大极性的化合物吸附较强，因而 R_f 值较小。所以，利用极性不同，用硅胶或氧化铝薄层色谱可将一些结构相近的物质或顺、反异构体分开。

（2）薄板的制备和活化

薄板的制备方法有两种：一种是干法制板，另一种是湿法制板。

干法制板一般用氧化铝作吸附剂。涂层时不加水，将氧化铝倒在玻璃板上，取直径均匀的一根玻璃棒，将两头用胶布缠好，在玻璃板上滚压，把吸附剂均匀地铺在玻璃板上。这种方法简便，展开快，但是样品展开点易扩散，制成的薄板不易保存。

湿法制板是实验室最常用的制板方法。选用一定规格的玻璃板，用肥皂水洗净，用蒸馏水淋洗两次后烘干，使用时再用酒精棉球擦除手印至对光平放无斑痕。在洁净的 50 mL 研钵中加 8 mL 1%羧甲基纤维素钠的水溶液，然后一边分批放入 3 g 硅胶 GF254，一边充分研磨，使浆料搅成均匀的糊状。用吸管或玻璃棒迅速将浆料涂于上述洁净的玻璃板上，用食指和拇指拿住玻璃板，前后左右摇晃摆动，使流动的硅胶 GF254 均匀地平铺在玻璃板上。必要时，可在实验台面上让其一端接触台面而另一端轻轻跌落数次并互换位置。然后把薄层板放在水平的长玻璃板上晾干，半小时至数小时后移入烘箱内，缓慢升温至 110 ℃，恒温半小时，称为活化。取出，稍冷后置于干燥器中备用。

（3）点样

在距薄层板一端 1 cm 处，用铅笔轻轻地画一条线，作为起点线。用毛细管（内径小于 1 mm）吸取样品溶液（一般以氯仿、丙酮、甲醇、乙醇、苯、乙醚或四氯化碳等作溶剂，配成 1%溶液），垂直地轻轻接触到薄层的起点线，称为点样。若溶液太稀，待第一次点样干后再点第二次，每次点样都应在同一圆心上。点样的次数依样品溶液浓度而定，一般为 2～3 次。若样品的量太少，则有的成分不易显出。若样品的量太多，则易造成斑点过大，互相交叉或拖尾，不能达到很好的分离效果。点样后斑点以扩散成 1～2 mm 圆点为度。若为多处点样，则点样间距为 1～1.5 cm。

（4）展开

薄层色谱展开剂的选择和柱色谱一样，主要考虑样品的极性、溶解度、吸附剂的活性等因素。溶剂的极性越大，则对化合物的洗脱力也越大，即 R_f 值也越大。良好的分离要求 R_f 值在 0.15～0.75。若发现样品各组分的 R_f 值较大，则可考虑换用一种极性较小的溶剂，或在原来的溶剂中加入适量极性较小的溶剂去展开，反之亦然。薄层色谱用的展开剂绝大多数是有机溶剂，各种溶剂的极性参见柱色谱部分。

薄层色谱的展开需在密闭的容器（层析缸）中进行。先将展开剂放在层析缸中，液层高度约 0.5 cm，在层析缸中放入一张滤纸，使展开剂蒸气饱和 5～10 min；再将点好样品的薄板放入层析缸中进行展开。注意：展开剂液面的高度应低于样品斑点。样品斑点随着展开剂的展开向上移，当展开剂前沿至薄层板上边约 0.5 cm 时，立刻取出薄层板，用铅笔或小针画出溶剂前沿的位置，放平晾干后即可显色。

（5）显色

如果化合物本身有颜色，展开后就可直接观察它的斑点，但大多数有机化合物是无色的，看不到色斑，只有通过显色才能使斑点显现。常用的显色方法有显色剂法和紫外光显色法。

显色剂法：在溶剂蒸发前用显色剂喷雾显色，不同类型的化合物需选用不同的显色剂。薄层色谱可使用腐蚀性的显色剂，如浓硫酸、浓盐酸和浓磷酸等；也可用卤素斑点试验法来使薄层色谱斑点显色，许多有机化合物能与碘生成棕色或黄色的配合物。利用这一性质，可将几粒碘和适量硅胶置于密闭容器中，待容器充满碘蒸气后，将展开后的色谱板放入其中，碘与展开后的有机化合物可逆地结合，在几秒到数分钟内化合物斑点的位置便会呈黄棕色。色谱板从容器中取出后，呈现的斑点一般在几秒内消失，因此必须用铅笔标出化合物的位置。碘熏显色法是观察无色物质的一种简便有效的方法，因为碘可以与除烷烃和卤代烃以外的大多数有机物形成有色配合物。

紫外光显色法：用硅胶 GF_{254} 制成的薄板，由于加入了荧光剂，在紫外灯光下观察，展开后的有机化合物在亮的荧光背景上呈暗色斑点，此斑点就是样品点。无论使用哪种显色方法都应在斑点出现后，立即用铅笔圈出斑点的位置，并计算 R_f 值。

3. 仪器和试剂

（1）主要仪器

层析缸、毛细管、玻璃板、烧杯。

（2）主要试剂

硅胶 GF254、1%羧甲基纤维素钠水溶液、石油醚、乙酸乙酯、无水乙醇、氯仿、对硝基苯胺、邻硝基苯胺。

4. 实验步骤

邻硝基苯胺和对硝基苯胺的薄层色谱:

（1）用 1%羧甲基纤维素钠水溶液和吸附剂硅胶 GF254 制备浆料铺板,薄板干燥、活化后备用。

（2）将邻硝基苯胺和对硝基苯胺及它们的混合物分别用无水乙醇溶解,配制成约 0.1%的浓度后点样,每块薄板上点两个样点,距离约 1 cm。

（3）将展开剂氯仿加入层析缸中,盖上盖子,3～5 min 后形成饱和蒸气状态,将薄板斜放在层析缸中展开。展开剂到薄板上端约 0.5 cm 时取出,晾干,直接观察或经紫外分析仪显色后观察斑点。测量,计算比移值 R_f。

5. 注意事项

（1）制板常用 2.5 cm×7.5 cm 的玻璃片,目前有市售已铺好的薄板供应。

（2）薄板制备的好坏直接影响色谱的分离效果,因此在制备过程中应注意:① 涂层浆料要制成均匀而又不带块状的糊状,在研钵中搅拌比在烧杯中效果更佳;② 铺板前一定要将玻璃板洗净、擦干;③ 涂布速度要快;④ 铺板时,涂层厚度（0.25～1 mm）要尽量均匀,不能有气泡、颗粒等;否则,在展开时溶剂前沿不齐,色谱结果也不准确。

（3）铺好的薄板不得风吹,同时也应避免沾染灰尘,应放在水平的平板上室温下自然晾干,千万不要快速干燥,否则薄板会出现裂痕。为保证晾干充分,最好将铺好的薄板放置过夜后再活化。

（4）把涂好的薄板置于室温自然晾干后,再放在烘箱内加热活化,进一步除去水分。活化时需慢慢升温。硅胶板一般在 105～110 ℃的烘箱中活化 0.5 h 即可。氧化铝板在 200 ℃烘 4 h 可得到活性Ⅱ级的薄板,在 150～

160 ℃烘 4 h 可得到活性Ⅲ—Ⅳ级的薄板，活化后的薄板应保存在干燥器中备用。

（5）试样也可选择间硝基苯胺、2,4-二硝基苯胺。

（6）本实验还可以用石油醚-乙酸乙酯作为展开剂，V 石油醚:V 乙酸乙酯＝4:1。

（二）柱色谱

1. 实验目的

（1）学习柱色谱的原理及其意义。

（2）掌握柱色谱分离有机化合物的实验操作技术。

（3）培养学生关注、分析、解释社会和生活中化学问题的能力。

2. 实验原理

柱色谱，又称柱层析，是通过色谱柱（层析柱）来实现分离、提纯少量有机化合物的有效方法。常用的柱色谱有吸附柱色谱和分配柱色谱两类，前者常用氧化铝和硅胶作固定相，后者则以附着在惰性固体（如硅藻土、纤维素等）上的活性液体作为固定相（也称固定液）。实验室中最常用的是吸附色谱，因此这里重点介绍吸附柱色谱。

液体样品从柱顶加入，当溶液流经吸附柱时，各组分同时被吸附在柱的上端，然后从柱顶加入洗脱剂洗脱。当洗脱剂流下时，由于固定相对各组分的吸附能力不同，各组分以不同的速度沿吸附柱下移，若是有色物质，则在柱上可以直接看到色带。继续用洗脱剂洗脱时，吸附能力最弱的组分随洗脱剂首先流出，吸附能力强的组分后流出，分别收集各组分，再逐个鉴定。若是无色物质，可用紫外光照射，当一些物质呈现荧光状态时，则要对其进行检查；或在洗脱时，分段收集一定体积的洗脱液，然后通过薄层色谱逐个鉴定，再将相同组分的收集液混合在一起，蒸发除溶剂，即得到单一的纯净物质，如此可将各组分离开。

色谱法能否获得满意的分离效果，关键在于色谱条件的选择及其操作的规范性，下面介绍柱色谱条件的选择及其操作规程。

（1）吸附剂的选择

常用的吸附剂有氧化铝、硅胶、氧化镁、碳酸钙和活性炭等，选择吸附剂的首要条件是与被吸附物及展开剂均无化学作用，吸附能力与颗粒大小有关。颗粒太粗，流速快，分离效果不好，颗粒太细则流速慢，通常使用的吸附剂的颗粒大小以 100～150 目为宜。色谱用的氧化铝可分酸性、中性和碱性三种。酸性氧化铝是用 1%盐酸浸泡后，用蒸馏水洗至悬浮液 pH 为 4～4.5，用于分离酸性物质；中性氧化铝的 pH 为 7.5，用于分离中性物质，应用最广；碱性氧化铝的 pH 为 9～10，用于分离生物碱、胺、碳氢化合物等。

（2）洗脱剂的选择

在柱色谱分离中，洗脱剂的选择是至关重要的，通常根据被分离物中各组分的极性、溶解度和吸附剂活性来选择。首先，洗脱剂的极性不能大于样品中各组分的极性，否则会由于洗脱剂在固定相上被吸附，迫使样品一直保留在流动相中。在这种情况下，组分在柱中移动的速度非常快，难以建立起分离所要达到的平衡，影响分离效果。其次，所选择的洗脱剂必须能够将样品中各组分溶解。如果被分离的样品不溶于洗脱剂，则各组分可能会牢固地吸附在固定相上，而不随流动相移动或移动很慢。一般洗脱剂的选择是通过薄层色谱实验来确定的（具体方法见薄层色谱），哪种展开剂能将样品中各组分完全分开，即可作为柱色谱的洗脱剂。当单纯一种展开剂达不到所要求的分离效果时，可考虑选用混合展开剂。

色谱柱的洗脱首先使用极性最小的溶剂，使最容易脱附的组分分离，然后逐渐增加洗脱剂的极性，使极性不同的化合物按极性由小到大的顺序从色谱柱中洗脱下来。

极性溶剂对于洗脱极性化合物是有效的，非极性溶剂对于洗脱非极性化合物是有效的。若分离复杂组分的混合物，则通常选用混合溶剂。所用洗脱剂必须纯净和干燥，否则会影响吸附剂的活性和分离效果。

（3）色谱柱的大小和吸附剂的用量

柱色谱的分离效果不仅依赖于吸附剂和洗脱剂的选择，而且还与色谱柱的大小和吸附剂的用量有关。一般要求柱中吸附剂用量为待分离样品量的 30～40 倍（需要时可增至 100 倍），柱高和直径之比一般为 10:1。

（4）装柱

装柱是柱色谱中最关键的操作，直接影响分离效率。装柱之前，先将空柱洗净干燥，然后将柱垂直固定在铁架台上。如果色谱柱下端没有砂芯横隔，可取一小团脱脂棉或玻璃棉，用玻璃棒将其推至柱底，再在上面铺上一层厚 0.5～1 cm 的石英砂，然后进行装柱，装柱的方法有湿法和干法两种。

① 湿法装柱

将吸附剂用洗脱剂中极性最低的洗脱剂调成糊状，在柱内先加入约 3/4 柱高的洗脱剂，再边敲打柱身边将调好的吸附剂倒入柱中，同时打开柱子下端的活塞，在色谱柱下面放一个干净且干燥的三角烧瓶，接收洗脱剂。当装入的吸附剂至一定高度时，洗脱剂流下速度变慢，待所用吸附剂全部装完后，用流下来的洗脱剂转移残留的吸附剂，并将柱内壁残留的吸附剂淋洗下来。在此过程中，应不断敲打色谱柱，以使色谱柱填充均匀并没有气泡。柱子填充完成后，在吸附剂上端覆盖一层约 0.5 cm 厚的石英砂或覆盖一片比柱内径略小的圆形滤纸。在整个装柱过程中，柱内洗脱剂的高度始终不能低于吸附剂最上端，否则柱内会出现裂痕和气泡。

② 干法装柱

在色谱柱上端放一个干燥的漏斗，将吸附剂倒入漏斗中，使其成为细流连续地流入柱中，并轻轻敲打色谱柱柱身，使其填充均匀，再加入洗脱剂湿润。也可先加入 3/4 的洗脱剂，然后倒入干的吸附剂。由于氧化铝和硅胶的溶剂化作用易使柱内形成缝隙，所以这两种吸附剂不宜用于干法装柱。

如果装柱时吸附剂的顶面没有达到水平状态，将会造成非水平的谱带；若吸附剂表面不平整或内部有气泡，则会造成沟流现象（谱带前沿一部分向前伸出）。所以，吸附剂要均匀装入管内，装柱时要不断地轻轻敲击柱子，以除尽气泡，不留裂痕，防止内部造成沟流现象，影响分离效果，但不要过分敲击，以防吸附剂太紧密而流速太慢。

（5）加样及洗脱

液体样品可以直接加入色谱柱中，如浓度低可浓缩后再进行分离。固体样品应先用少量的溶剂溶解后再加入柱中，在加入样品时，应先将柱内洗脱剂排至稍低于石英砂表面，再用滴管沿柱内壁把样品一次加完。在加入样品时，应注意滴管尽量向下靠近石英砂表面。样品加完后，打开下旋塞，使液体样品进入石英砂层后，再加入少量的洗脱剂将壁上的样品洗脱下来。待这部分液体的液面和吸附剂表面齐平时，即可打开安置在柱上装有洗脱剂的滴液漏斗的活塞，加入洗脱剂，进行洗脱。

洗脱剂的流速对柱色谱分离效果具有显著影响。在洗脱过程中，样品在柱内的下移速度不能太快，否则混合物得不到充分分离；如果洗脱剂的流速控制得较慢，则样品在柱中的保留时间长，各组分在固定相和流动相之间能得到充分的吸附或分配，从而使混合物，尤其是结构、性质相似的组分得以分离。但样品在柱内的下移速度也不能太慢（甚至过夜），因为吸附剂表面活性较大，时间太长有时可能会造成某些成分被破坏，使谱带扩散，影响分离效果。因此，层析时洗脱速度要适中。若洗脱剂下移速度太慢，则可适当加压或用水泵减压，以加快洗脱速度，直至所有谱带被分开。

（6）分离成分的收集

如果样品中各组分都有颜色，则可根据不同的色带用三角烧瓶分别进行收集，然后分别将洗脱剂蒸除得到纯组分，但大多数有机物是没有颜色的，只能先分段收集洗脱液，再用薄层色谱或其他方法鉴定各段洗脱液的成分，成分相同者可以混合。

3. 仪器和试剂

（1）主要仪器

分离柱、烧杯、量筒。

（2）主要试剂

95%乙醇、中性氧化铝（100～200目）、荧光黄、碱性湖蓝BB。

4. 实验步骤

荧光黄和碱性湖蓝BB均为染料，由于它们的结构不同、极性不同，吸附剂对它们的吸附能力不同，洗脱剂对它们的解吸速度也不同。极性小、吸附能力弱、解吸速度快的碱性湖蓝BB先被洗脱下来，而极性大、吸附能力强、解吸速度慢的荧光黄后被洗脱下来，从而使两种物质得以分离。

（1）装柱

将层析柱（20 mm×300 mm）洗净干燥后垂直固定在铁架台上，取少许脱脂棉放于干净的色谱柱底，用长玻璃棒将脱脂棉轻轻塞紧，在脱脂棉上覆盖一层0.5 cm厚的石英砂，色谱柱下端放置一个三角烧瓶。关闭柱下部活塞，向柱内倒入95%乙醇至柱高的3/4处，打开活塞，控制乙醇流出速度为1～2滴/s。然后将用乙醇溶剂调成糊状的一定量的吸附剂——中性氧化铝（100～200目）通过一只干燥的粗柄短颈漏斗从柱顶加入，使溶剂慢慢流入三角烧瓶。填充吸附剂的过程中要不断敲打柱身，使装入的氧化铝紧密均匀，顶层呈水平状态。当装柱至1/2时，再在上面加一层0.5 cm厚的石英砂。操作时一直保持上述流速，但要注意不能使砂子顶层露出液面，不能使柱顶变干。

（2）加样

把 1 mg 荧光黄和 1 mg 碱性湖蓝 BB 溶于 1 mL 95%乙醇中，打开色谱柱的活塞，将其顶部多余的溶剂放出。当液面降至与石英砂顶层相平时，关闭活塞，将上述溶液用滴管小心地加入柱内。打开活塞，待液面降至与石英砂顶层相平时，用滴管取少量 95%乙醇洗涤色谱柱内壁上沾有的样品溶液。

（3）洗脱与分离

样品加完并混溶后，开启活塞，当液面降至与石英砂顶层相平时，便可沿管壁慢慢加入 95%乙醇进行洗脱，流速控制在 1～2 滴/s，这时碱性湖蓝 BB 谱带和荧光黄谱带相分离。碱性湖蓝 BB 因极性较小，首先向柱下部移动，极性较大的荧光黄留在柱的上端。通过柱顶的滴液漏斗，继续加入足够量的 95%乙醇，使碱性湖蓝 BB 的谱带全部从柱子里洗下来。待洗出液呈无色时，更换一个接收器，改用水为洗脱剂。这时荧光黄向柱子下部移动，用容器收集，同样至洗出液呈无色为止。这样分别得到两种染料的溶液，用旋转蒸发仪浓缩洗脱液得到染料荧光黄与碱性湖蓝 BB。

5. 注意事项

（1）覆盖石英砂的目的是：① 使样品均匀地流入吸附剂表面；② 在加料时不会把吸附剂冲起，影响分离效果。若无石英砂，也可用玻璃毛或剪成比柱子内径略小的滤纸压在吸附剂上面。

（2）向柱中加样和添加洗脱剂时，应沿柱壁缓缓加入，以免将表层吸附剂和样品冲溅泛起，造成非水平谱带。洗脱剂应连续平稳地加入，不能中断，不能使柱顶变干。因为湿润的柱子变干后，吸附剂可能与柱壁脱开形成裂沟，导致显色不匀，产生不规则的谱带。

（三）纸色谱

纸色谱是一种分配色谱，滤纸为载体，纸纤维上吸附的水（一般纤维能吸附 20%～25%的水）为固定相，与水不相混溶的有机溶剂为流动相。将样品点在滤纸的一端，放在一个密闭的容器中，使流动相从有样品的一端通过毛细管作用流向另一端，依靠溶质在两相间的分配系数不同而达到分离。通常极性大的组分在固定相中分配得多，随流动相移动的速度会慢一些；极性小的组分在流动相中分配得多一些，随流动相移动的速度就快一些。与薄层色谱一样，纸色谱也可用比移值（R_f 值）通过与已知物对比的方法，作为鉴定化合物的手段，其 R_f 值计算方法与薄层色谱一样。

纸色谱多用于多官能团或极性较大的化合物如糖、氨基酸等的分离，对亲水性强的物质分离较好，对亲脂性物质则较少用纸色谱分离。利用纸色谱进行分离，所费时间较长，一般需要几小时到几十小时。但由于它设备简单，试剂用量少，便于保存等优点，因此在实验室条件受限时常用此法。

纸色谱的操作方法和薄层色谱类似，分为滤纸和展开剂的选择、点样、展开、显色和结果处理等五个步骤，其中前两步是关键步骤。

1. 滤纸的选择与处理

（1）滤纸要质地均匀、平整、无折痕、边缘整洁，以保证展开剂展开速度均一，滤纸应有一定的机械强度。

（2）纸纤维应有适宜的松紧度，太疏松易使斑点扩散，太紧密则流速太慢，所费时间长。

（3）纸质要纯，杂质少，无明显荧光斑点，以免与色谱斑点相混淆。有时为了适应某些特殊化合物的分离，需将滤纸做特殊处理。如分离酸、碱性物质时为保持恒定的酸碱度，可将滤纸浸于一定的 PH 缓冲溶液中做预处理后再使用，或在展开剂中加一定比例的酸或碱。在选择滤纸型号时，应结合分离对象考虑。对 R_f 值相差很小的混合物，宜采用慢速滤纸；对

R_f 值相差较大的混合物，则可采用快速或中速滤纸。厚纸载量大，供制备或定量用，薄纸则一般供定性用。

2. 展开剂的选择

选择展开剂时，要从待分离物质在两相中的溶解度和展开剂的极性方面来考虑。对极性化合物来说，增加展开剂中极性溶剂的比例量，可以增大比移值；增加展开剂中非极性溶剂的比例量，可以减小比移值。此外，还应考虑到分离的物质在两相中有恒定的分配比，最好不随温度而改变，这样才容易达到分配平衡。分配色谱所选用的展开剂与吸附色谱有很大不同，多采用含水的有机溶剂。纸色谱最常用的展开剂是用水饱和的正丁醇、正戊醇、酚等，有时也加入一定比例的甲醇、乙醇等。加入这些溶剂，可增加水在正丁醇中的溶解度，增大展开剂的极性，增强对极性化合物的展开能力。

3. 样品的处理及点样

用于色谱分析的样品一般需初步提纯，如氨基酸的测定，不能含有大量的盐类、蛋白质，否则组分之间互相干扰，分离不清。样品溶于适当的溶剂中，尽量避免用水作溶剂，因水溶液中斑点易扩散，并且水不易挥发除去，一般可用丙酮、乙醇、氯仿等作溶剂。最好用与展开剂极性相近的溶剂。若为液体样品，一般可直接点样，点样时用内径约 0.5 mm 的毛细管，或用微量注射器点样，轻轻接触滤纸，控制点的直径在 2～3 mm，立即用冷风将其吹干。

4. 展开

纸色谱也需在密闭的层析缸中展开。层析缸中先加入少量选择好的展开剂，放置片刻，使缸内空间为展开剂所饱和，再将点好样的滤纸放入缸内。同样，展开剂的水平面应在点样线以下约 1 cm 处。也可在滤纸点好样后，将准备作为展开剂的混合溶剂振摇混合，分层后取下层水溶液作为固定相，上层有机溶剂作为流动相。其方法是先将滤纸悬在用有机溶剂饱和的水溶液的蒸气中，但不与水溶液接触，密闭饱和一定时间，然后再将滤纸点样的一端放入展开剂中进行展开。这样做的原因有两个：（1）流动相若没有预先被水饱和，则展开过程中就会把固定相中的水分夺去，使分配过程不能正常进行；（2）滤纸先在水蒸气中吸附足够量的作为固定相的水分，便于后续工作的展开。按展开方式，纸色谱又分为上行法、下行法、水平展开法。

5. 显色与结果处理

当展开剂移动到纸的 3/4 距离时取出滤纸，用铅笔面出溶剂前沿，然后用冷风吹干。通常先在日光下观察，画出有色物质的斑点位置，然后在紫外灯下观察有无荧光斑点，并记录其颜色、位置及强弱，最后利用物质的特性反应喷洒适当的显色剂使斑点显色，按 R_f 值计算公式计算出各斑点的比移值。

二、简单玻璃加工

（一）玻璃管（棒）的洁净和切割

1. 玻璃管（棒）的清洗和干燥

需要加工的玻璃管（棒）应首先洗净和干燥，玻璃管内的灰尘可用水冲洗。如果玻璃管较粗，可以用两端系有绳的布条通过玻璃管来回拉动，除去管内的脏物。制备熔点管的毛细管和薄板层析点样的毛细管，在拉制前均应用铬酸洗液浸泡，再用水洗净，经烘干后才能加工。

2. 玻璃管（棒）的切割

对于直径为 5～10 mm 的玻璃管（棒与管相同，以下略），可用三棱锉或鱼尾锉进行切割玻璃管，也可用小砂轮切割。此时，还可以用碎瓷片棱角较尖锐的一端代替锉，也有同样效果。

当把要切割的位置确定后，把锉刀的边棱压在要切割的点上，一只手按住玻璃管，另一只手握锉，朝一个方向用力锉出一稍深的锉痕（若锉痕不够深或不够长时，可以如上法补锉），重复上述操作数次，注意锉的方向应相同，切忌往复乱锉。锉痕应在同一条直线上，否则不仅损坏锉刀，还会导致玻璃断茬不整齐。待锉痕较深时，两手拇指顶住锉痕的背面，轻轻向前推，同时向两头拉，玻璃管就会在锉痕处平整地断开，如图 2-3-1 所示。也可在锉痕处稍涂点水，这样会大大降低玻璃强度，折断时更容易。为了安全，折断玻璃管时，手上可垫一块布，推拉时应离眼睛稍远些。以上为冷切法。

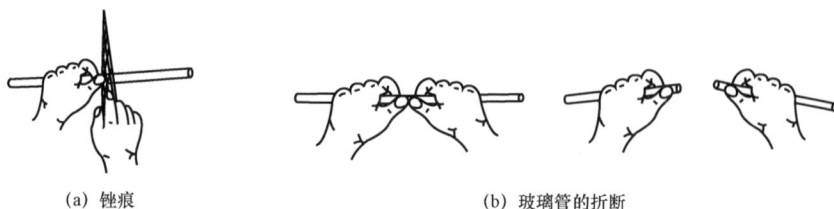

(a) 锉痕　　　　　　　　　　　(b) 玻璃管的折断

图 2-3-1　玻璃管的切割

对较粗的玻璃管，或者需在玻璃管的近管端处进行截断的玻璃管，可利用玻璃管骤然受热或骤然遇冷易裂的性质，来使其断裂。

一是将一末端拉细的玻璃管，在喷灯上加热至白炽成珠状，立即压触到用水滴湿的粗玻璃管或玻璃管近管端的锉痕处，则立即裂开。

二是在粗玻璃管或玻璃管近管端的锉痕处，紧围一根电阻丝。电阻丝用导线与调压器和电源连接。通电后，升高电压使阻丝呈亮红色。稍等一会儿，切断电源，滴水于锉痕处，则骤冷后自行断裂开。

切割后的玻璃管（棒）断面非常锋利，必须在火中烧熔，使断口变得光滑。烧熔时，可以将玻璃管（棒）呈45°在喷灯或酒精灯氧化焰边缘一边烧一边来回转动，直至断面平滑。

（二）拉玻璃管

1. 拉制滴管

取直径为5～6 mm，长15 cm的玻璃管，将其拉伸处先在小火中烘烤，以防玻璃管遇热爆裂，然后将玻璃管中间在强火焰上加热。这时，一手托住玻璃管一端，另一手握住另一端向一个方向转动。当玻璃管开始变软时，托玻璃管的手也要随另一只手以相同速度同方向转动，防止烧软的部分扭曲。玻璃管发黄变软时，从火焰中取出，两手边拉边作同方向来回旋转，直至拉成所需要的细度。待玻璃管变硬后停止旋转，放在石棉网上冷却，然后用小瓷片在拉细的合适部位截断，并在细管的边缘处将管口烧圆。玻璃管粗的一端在大火中加热至发黄变软，在石棉网上垂直按一下，使其边缘突出，冷却后套上乳胶头，这样就制成了两根滴管。

拉制滴管要注意：

（1）玻璃管受热时应不断地转动，使其受热均匀。当玻璃管发黄变软时，注意两手的动作，避免玻璃管在受热时变细，或者扭曲。

（2）掌握好玻璃管熔融的"火候"，"火候"不够，拉出的管太粗，不符合要求。

（3）拉制时，不可用力过猛，开始稍慢些，然后再较快地拉长。拉制时两手一定要作同向来回旋转，使拉出的滴管中心对称，管口呈圆形。

2. 拉制毛细管

拉制毛细管用的玻璃管与一般玻璃管不同，其直径为 1 cm，壁厚约1 mm。将洗净烘干的玻璃管于适当位置在强火中加热（为节约起见，应先从玻璃管的一端开始），并使玻璃管倾斜一定角度，以增大受热面积。两手的操作与拉制滴管基本相同。当玻璃管烧至十分软时，从火焰中取出，边旋转边保持水平地向两边拉开，稍冷后平放在桌面上，并将两端粗管部分垫上石棉网。冷却后，将直径为 1～1.5 mm 的毛细管用小瓷片切割成所需的长度（见图 2-3-2）。

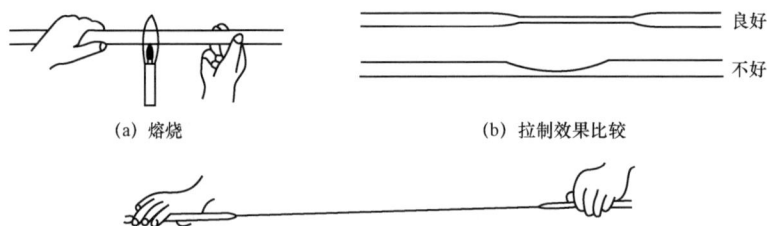

(a) 熔烧　　　　　　　　　　　(b) 拉制效果比较

图 2-3-2　拉玻璃管方法

3. 弯玻璃管

玻璃管（棒）受热变软后可以加工成实验所需的制品，但玻璃管受热弯曲时，管的一侧会收缩，另一侧会伸长，管壁变薄。弯玻璃管时，若操之过急或不恰当，则弯曲处会出现瘪陷或鼓起现象，还可能形成角度不对或角的两边不在同一平面上，以及管径不均匀等现象。正确操作方法如图 2-3-3 所示，其步骤如下。

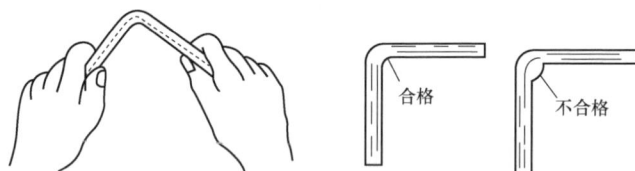

图 2-3-3　弯曲玻璃管的操作及弯曲好的玻璃管形状

（1）把玻璃管横（或呈一角度）在火焰上。先低温，后高温，边均匀加热，边不断转动玻璃管（管两端转动要同向同步），受热长度约 5 cm。

（2）当玻璃管烧至可以弯动时，离开火焰，轻轻地顺势弯几度角。然后，改变加热点（在刚刚弯过角顶的附近），再弯几度角。反复多次加热弯曲，每次的加热部位要稍有偏移，直到弯成所需要的角度。弯好的管，管径应是均匀的，角的两边在同一平面上尺度也要合乎要求。

加工完毕要及时熄火，方法为将弯好的管在火焰的弱火上加热一会儿，慢慢离开火焰放在石棉网上冷却至室温，以防因骤冷在玻璃管内产生很大应力，导致玻璃断裂。

4. 玻璃钉、搅拌棒的制备

根据需要切割好一定长度的玻璃棒，将其一端在火焰上逐渐加热。烧到呈黄红光，玻璃软化时，进行以下操作。

（1）垂直放在石棉网上，手拿玻璃棒中部，用力向下压，迅速使软化部分呈圆饼状，即得玻璃钉。

（2）靠重力将软化玻璃棒弯一定角度，然后立刻放在耐热板上，用最大号打孔器的柄，沿玻璃轴向从两侧挤压，可得搅拌棒。还可根据需要制出各种各样的搅拌棒，以方便使用。

第四节　绿色有机合成、无水无氧操作、不对称合成

一、绿色有机合成

绿色化学又称环境无害化学、环境友好化学、清洁化学，是指化学反应中充分利用参与反应的每个原料原子，实现"零排放"。其核心是要利用化学原理从源头上消除污染，不仅能充分利用资源，还不会产生污染，并采用无毒无害的溶剂、助剂和催化剂，生产有利于环境保护、社区安全

和人类健康的环境友好产品。绿色化学的目标是寻找能充分利用的原料和能源，且在各个环节都洁净和无污染的反应途径和工艺。绿色化学不仅将为传统化学工业带来革命性的变化，而且必将推进绿色能源工业及绿色农业的建立与发展。因此，绿色化学是更高层次的化学，化学家不仅要研究化学品生产的可行性和现实用途，还要考虑和设计符合绿色化学要求、不产生或减少污染的化学过程。这是一个难题，也是化学家面临的一项新挑战。

绿色化学的内容之一是"原子经济性"[①]，即充分利用反应物中的各个原子，因而既能充分利用资源，又能防止污染。原子经济性的概念是 1991 年由美国知名有机化学家特罗斯特提出的，即用原子利用率衡量反应的原子经济性，其认为高效的有机合成应最大限度地利用原料分子中的每一个原子，使之转化到目标分子中，达到零排放。绿色有机合成应具有原子经济性，原子利用率越高，反应产生的废弃物越少，对环境造成的污染也越少。

绿色化学的内容之二，其内涵主要体现在五个"R"上：第一是 Reduction——"减量"，即减少"三废"排放；第二是 Reuse——"重复使用"，诸如化学工业过程中的催化剂、载体等，这是降低成本和减废的需要；第三是 Recycling——"回收"，可以有效实现"省资源、少污染、减成本"的要求；第四是 Regeneration——"再生"，即变废为宝，节省资源、能源，是减少污染的有效途径；第五是 Rejection——"拒用"，指对一些无法替代，又无法回收、再生和重复使用的有毒副作用及污染作用明显的原料，拒绝在化学过程中使用，这是杜绝污染的最根本方法。

（一）绿色化学的十二条原理

研究绿色化学的先驱者们总结出了这门新兴学科的基本原理，为绿色

---

① 刘鹰翔. 药物合成反应：新世纪第 2 版 [M]. 北京：中国中医药出版社，2017.

化学今后的研究指明了方向。

（1）从源头制止污染，而不是在末端治理污染。

（2）合成方法应遵循"原子经济性"原则，即尽量使参加反应过程的原子都进入最终产物。

（3）在合成方法中尽量不使用和不产生对人类健康和环境有毒有害的物质。

（4）设计具有高使用效益、低环境毒性的化学产品。

（5）尽量不用溶剂等辅助物质，不得已使用时，必须使用无害的辅助物质。

（6）生产过程应该在温度和压力温和的条件下进行，而且能耗最低。

（7）尽量采用可再生的原料。

（8）尽量减少副产品。

（9）使用高选择性的催化剂。

（10）化学产品在使用完后能降解成无害的物质并且能进入自然生态循环。

（11）发展实时分析技术以便监控有害物质的形成。

（12）选择参加化学过程的物质，尽量减少发生意外事故的风险。

（二）有机合成实现绿色合成的途径

提高原子利用率，实现反应的原子经济性是绿色合成的基础，然而真正的"原子经济"反应非常少。因此，不断寻找新的方法来提高合成反应的原子利用率是十分重要的。对一个有机合成来说，从原料到产品，要使之绿色化，涉及诸多方面。首先，要看是否有更加绿色的原料，能否设计更绿色的新产品来代替原来的产品。其次，还要看反应设计流程是否合理，是否有更加绿色的流程。最后，从反应速率和效率看，还涉及催化剂、溶剂、反应方法、反应手段等多方面的绿色化。

1. 开发新型高效、高选择性的催化剂

催化剂不仅可以加速化学反应速率，而且采用催化剂可以高选择性地生成目标产物，避免和减少副产物的生成。据统计，在化学工业中80%以上的化学反应只有在催化剂作用下，才能获得具有经济价值的反应速率和选择性。老工艺的改造需要新型催化剂，新的反应原料、新的反应过程也需要新催化剂。因此，设计和使用高效催化剂已成为绿色合成的重要内容之一。

2. 开发"原子经济"反应

开发新的"原子经济"反应已成为绿色化学研究的热点之一，基本有机化工原料生产的绿色化对于解决化学工业的污染问题起着举足轻重的作用。目前，在基本有机原料的生产中，有的已采用了"原子经济"反应，如丙烯氢甲酰化制丁醛、甲醇羰基化制醋酸、乙烯或丙烯的聚合、丁二烯和氢氰酸合成己二腈等。

3. 使用环境友好介质，改善合成条件

对于传统的有机合成反应，溶剂是必不可少的，并且经常需要大量有机溶剂，而大多数有机溶剂具有毒性，容易造成环境污染。因此，限制这类溶剂的使用，采用无毒、无害的溶剂代替有机溶剂已成为绿色化学的重要研究方向。目前，将水、离子液体、超临界流体作为反应介质，其至采用无溶剂的有机合成反应在不同程度上已取得了一定的进展，它们将成为发展绿色合成的重要途径和有效方法。以水为反应介质的有机反应是一种环境友好的反应，这类反应很早就有文献报道。但由于大多数有机物在水中的溶解性差，而且许多试剂在水中不稳定，因此水作为溶剂的有机反应没有引起人们的足够重视。直到1980年布雷斯洛发现环戊二烯与甲基乙烯酮在水中的环加成反应较之以异辛烷为溶剂的反应快700倍，此后，在

水介质中进行的有机反应才引起人们的极大兴趣。与有机溶剂相比,水溶剂具有独特的优点,如操作简便、使用安全,且水资源丰富、成本低廉、不污染环境等。此外,水溶剂的一些特性对某些重要有机转化是十分有益的,有时甚至可以提高反应速率和选择性。科学家预测,水相反应的研究将会在有机合成化学中开辟出一个新的研究领域。

离子液体是由有机阳离子和无机或有机阴离子构成的。在室温或室温附近温度下呈液态的盐,在室温附近很宽的温度范围内均呈液态。离子液体具有许多独特的性质:(1)液态温度范围广,从低于或接近室温可到 300 ℃以上,具有良好的物理和化学稳定性;(2)蒸气压低,不易挥发,通常无色无臭;(3)对很多无机和有机物都表现出良好的溶解能力,且有些具有介质和催化双重功能;(4)具有较大的极性可调性,可以形成两相或多相体系,适合作分离溶剂或构成反应—分离耦合体系;(5)电化学稳定性高,具有较高的电导率和较宽的电化学窗口,可以用作电化学反应介质或电池溶液。因此,对许多有机反应(如烷基化反应、酰基化反应、聚合反应等)来说,离子液体是良好的溶剂。

超临界流体是指当物质处于其临界温度及超临界压力下所形成的一种特殊状态的流体,它是一种介于气态与液态之间的流体状态,其密度接近于液体,而黏度接近于气态。由于这些特殊性质,超临界流体可以代替有机溶剂用作有机合成反应介质。超临界流体以其临界压力和温度适中、来源广泛、价廉无毒等优点而得到广泛应用。CO_2 的临界温度和压力分别是 31.1 ℃和 7.38 MPa,在此临界点之上就是超临界流体。由于此流体内在的可压缩性、流体的密度、溶剂黏度等性能均可通过压力和温度的变化来调节,因此在这种流体中进行的反应可得到有效控制。除超临界 CO_2 外,超临界水和近临界水的研究也引起了人们的重视,尤其是近临界水。因为近临界水相对超临界水而言,温度和压力都较低,且有机物和盐都能溶解在其中。因此,近年来近临界水中的有机反应研究备受关注。

4. 改变反应方式和反应条件

随着绿色合成研究的不断发展，一些新的合成技术不断涌现，主要通过改变反应方式和反应条件，来达到提高产率、缩短反应时间、提高反应选择性的目的。其中，微波技术、超声波技术均已应用于有机合成，有机电化学合成、有机光化学合成等也已成为绿色合成的重要组成部分。

5. 选用更"绿色化"的起始原料和试剂

选用对人类和环境危害小的"绿色化"的起始原料和试剂是实现绿色合成的重要途径。在进行有机合成设计时，应该避免使用有毒原料和试剂，尤其是一些剧毒品、强致癌物等。

6. 高效合成方法

设计高效多步合成反应，使反应有序、高效地进行。例如，一瓶多步串联反应、一瓶多组分反应等无须分离中间体，不产生相应的废弃物，可免去各步后处理和分离带来的消耗和污染，无疑是洁净技术的重要组成部分。

二、无水无氧操作

许多有机化合物，如某些有机金属化合物、硼氢化物、自由基等对空气敏感，特别是对空气中的氧气和水汽敏感。化学家们通过长期的理论与实践对无水无氧实验操作技术已积累了丰富的经验，发明了一些特殊的仪器设备，总结出一套较为完善的实验操作技巧，可以解决敏感化合物的反应、分离、纯化、转移、分析及储藏等一系列问题。

无水无氧实验操作技术目前采用三种方法，这三种方法各有优缺点，可根据实验目的选择或组合使用。

（一）高真空线技术

该方法在全部真空系统中使用。真空系统一般采用玻璃仪器装配，所使用的试剂量较少（从毫克级到克级），不适合氟化氢及其他一些活泼的氟化物的操作。该操作所需的真空度可以由机械真空泵或扩散泵提供，并配合使用液氮冷阱。本方法的特点是真空度高，可以很好地排除空气，适用于液体的转移、样品的储存等操作，并且没有污染。

（二）手套箱操作技术

手套箱是一种进行化学操作的密封箱，带有视窗、传递物料孔和伸入双手的橡皮手套，内有电源和抽气口，相当于一个小型实验室，常用来操作带有毒性或放射性的物质，以确保工作环境不受污染。常用不锈钢、有机玻璃等作为箱体材料，并装有有机玻璃面板和照明设备。手套箱中的空气用惰性气体反复置换，在惰性气体中进行操作，为空气敏感的物质提供了更直接地进行精密称量、物料转移、小型反应、分离纯化等实验操作的方法，其操作量可以从几百毫克至几千克。但使用手套箱操作技术，其装置价格贵，占地大，用橡皮手套操作也不灵便，因此该方法可以用高真空线技术和 Schlenk 操作技术代替。

（三）Schlenk 操作技术

一般称为"希莱克技术"[①]（双排管操作技术），它主要用来提供惰性环境及真空条件，主要由玻璃仪器组成，所用实验玻璃器材比较严格。对于无水无氧条件下的回流、蒸馏和过滤等操作，应用 Schlenk 仪器比较方

[①] 颜红侠. 现代精细化工实验［M］. 西安：西北工业大学出版社，2015.

便。所谓 Schlenk 仪器是为便于抽真空、充惰性气体而设计的带活塞支管的普通玻璃仪器或装置，如图 2-4-1 所示双排管即属于 Schlenk 仪器，双排管的活塞支管用来抽真空或充放惰性气体，保证反应体系能达到无水无氧状态。无水无氧条件下的实验操作如下：

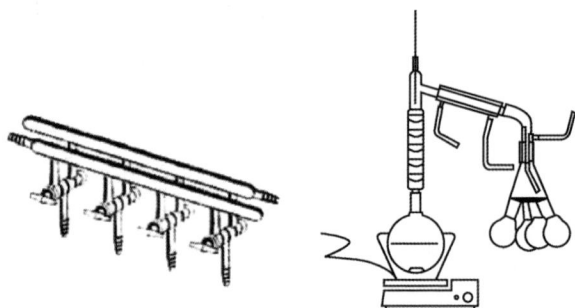

图 2-4-1　双排管和无水无氧操作装置示意图

1. 反应

反应器可选用 Schlenk 仪器或接有活塞的普通耐压仪器，搅拌宜选用电磁搅拌，以便更好地密封。尽量少用橡皮管，必须用时以管壁厚者为佳。所有仪器使用前必须干燥，并且用标准口的翻口胶塞塞住（如无标准口的胶塞也可用类似葡萄糖注射液的瓶塞代替），然后抽真空充入惰性气体。如此反复三次，即可视系统为无水无氧状态。将反应物加入反应瓶或调换仪器时，都应在连续通惰性气体条件下进行。固体也可在抽真空前加入，但液体尤其是低沸点液体必须在抽真空并充入惰性气体后，用注射器经胶塞隔膜加入，以防液体被抽入真空系统。反应过程中，反应瓶内必须有少量惰性气体通入，气体出口液封，防止外界空气进入。

2. 过滤

用惰性气体压滤或真空抽滤均可。

3. 液体的转移

一般应用双针法的注射针技术。在装有胶塞的瓶口，插入一根通惰性气体的短注射针头至液面以上，再经胶塞插入一支带注射针头的注射器吸取或注入液体。当注入液体使瓶内压力增大时，气体可从通惰性气体装置上的液封处排出。

三、不对称合成

不对称合成又称手性合成、立体选择性合成、对映选择性合成，是研究向反应物引入一个或多个具手性元素的化学反应的有机合成分支。按照莫里森和莫舍尔的定义，不对称合成是"一个有机反应，其中底物分子整体中的非手性单元由反应剂以不等量地生成立体异构产物的途径转化为手性单元"[①]。其中，反应剂可以是化学试剂、催化剂、溶剂或物理因素。在反应过程中因受分子内或分子外的手性因素的影响，试剂向反应物某对称结构的两侧进攻，进而在形成化学键时表现出不均等，结果得到不等量的立体异构体的混合物，并且具有旋光活性。

手性是自然界最重要的属性之一，也是生命物质区别于非生命物质的重要标志。自然界中构成生命体的基础物质核苷酸、氨基酸和单糖及由它们构成的生物大分子核酸、蛋白质和糖类都具有独特的手性特征。许多物理、化学、生物功能的产生都起源于分子手性的精确识别和严格匹配，如酶催化的高度化学、区域和立体选择性作用，手性药物的手性对其生物应答关系等。

手性直接关系到药物的药理作用、临床效果、毒副作用、药效发挥及药效时间等。正是药物和其受体之间的这种立体选择性作用，使得药物的

---

① 王子安. 元素的神探：走近 92 位诺贝尔生理医学奖精英 [M]. 天津：天津科学技术出版社，2010.

一对对映体不论是在作用性质还是作用强度上都会有差别。20 世纪 60 年代，欧洲曾以消旋体的反应停作为抗妊娠反应的镇静剂，一些妊娠妇女服用此药后，出现多例畸变胎儿。后经研究证实，R 构型才真正起镇静作用，而 S 构型则有强致畸作用。在农业化学品中，手性问题同样重要，如芳氧基丙酸类除草剂中只有 R 构型是有效的。

大量的事实和惨痛的教训使人们认识到，对于手性药物，必须对它们的立体异构体分别进行考察，了解它们各自的生理活性和各自的毒性等。美国 FDA 在 1992 年提出的法规就要求申报手性药物时，应该对它的不同异构体的作用叙述清楚。在药物中，手性化合物的重要性主要有以下三点。

（1）不同立体异构体展现不同的生理活性，有的无效异构体可能是极其有害的。

（2）新医药、新农药，如各种抑制剂、阻断剂、拮抗剂等对手性的要求越来越严格。

（3）环境保护问题得到普遍重视，减少不必要异构体的生产就意味着减少对环境的污染，同时也能降低生产成本。

传统的不对称合成是在对称的起始反应物中引入不对称因素或与非对称试剂反应，这需要消耗化学计量的手性辅助试剂。不对称催化合成一般指利用合理设计的手性金属配合物或生物酶作为手性模板控制反应物的对映面，将大量潜手性底物选择性地转化成特定构型的产物，实现手性放大和手性增殖。简单地说，就是通过使用催化剂量级的手性原始物质来立体选择性地生产大量手性特征的产物。它的反应条件温和，立体选择性好，R 异构体或 S 异构体同样易于生产，且潜手性底物来源广泛，对于生产大量手性化合物来讲是最经济和最实用的技术。因此，世界有机化学家高度重视不对称催化反应，特别是不少化学公司致力于将不对称催化反应发展为手性技术和不对称合成工艺。

第五节 沸点、熔点、折射率的测定

一、沸点的测定

（一）实验目的

（1）掌握微量法测沸点的原理和操作方法。

（2）学会规范操作，培养良好的实验习惯和专业的实验素养。

（二）实验原理

沸点是化合物的重要物理常数之一。液体受热时，其蒸气压升高。当蒸气压升高到与外界压力相等时，会有大量气泡从液体内部冒出，液体沸腾。此时的温度即为该物质的沸点。物质的沸点与外界压力有关，当外界压力增大时，液体沸腾时的蒸气压同样增大，沸点升高；反之，沸点降低。由于物质沸点随外界压力的变化而变化，因此在讨论化合物的沸点时，需要标明压力。通常我们所说的沸点，指的是外界压力为一个标准大气压（1.013×10^5 Pa）下物质沸腾时的温度。

测定沸点的方法可以分为常量法和微量法两大类。使用常量法测定沸点时，样品用量较多，一般需要 10 mL 以上，蒸馏法属于常量法。本实验主要介绍微量法测沸点，适用于样品量不多的情况。

（三）仪器和试剂

1. 主要仪器

沸点毛细管、温度计、酒精灯。

2. 主要试剂

液体石蜡、无水乙醇。

（四）实验步骤

如图 2-5-1 所示装置可用于微量法测沸点，取一根直径 5 mm 左右的玻璃管作沸点管外管，将其一端用小火封闭。取 3～5 滴待测样品于外管中，液体样品高度约为 1 cm。再向沸点管中放入一根直径 1 mm 左右、上端封闭的毛细管作内管。然后用橡皮圈将沸点毛细管固定在温度计水银球旁边，并插入浴液（液体石蜡）中进行加热。随着温度的升高，内管中会有气泡断断续续地冒出。当温度达到样品沸点时，内管中会形成一连串的小气泡。此时，停止加热，浴液温度缓慢下降，内管中小气泡逸出的速度将放缓。最后一个气泡即将缩回内管时，表明沸点管内的蒸气压与外界大气压相等，此时的浴液温度即为该样品的沸点。为验证测定的准确性，待浴液温度下降几摄氏度后可以再缓慢加热，记录第一个气泡出现时的温度，前后两次记录的温度差不超过 1 ℃即说明测定准确。

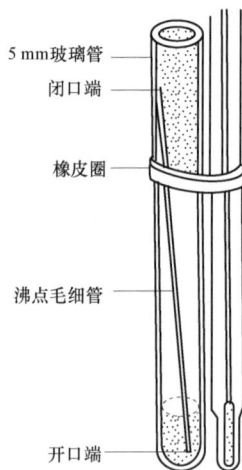

5 mm 玻璃管
闭口端

橡皮圈

沸点毛细管

开口端

图 2-5-1　微量法测沸点

二、熔点的测定

（一）实验目的

（1）了解测定熔点的原理和意义。

（2）掌握毛细管熔点测定法的操作。

（3）了解微量熔点测定法与全自动数字熔点仪的使用方法。

（4）培养学生的动手操作能力及实事求是的科学精神。

（二）实验原理

通常将结晶物质加热到一定温度后，其从固态转变为液态，此时的温度被视为该物质的熔点（见图 2-5-2）。严格意义上说，熔点是指物质的固液两相在大气压下达到平衡时的温度。理论上它应是一个点，但实际测定有一定的困难。因此，一般测定物质自开始熔化（初熔）至完全熔化（全熔）时的温度，这一温度范围称为熔程或熔距。纯净的固体有机化合物的熔程不超过 $0.5 \sim 1$ ℃。而对于含有杂质的固体有机物，其熔程往往较长，且熔点较低。熔点是鉴别有机化合物的重要物理常数，同时根据熔程的长短又可定性判断该物质的纯度。

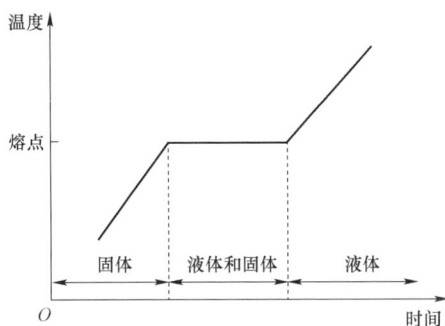

图 2-5-2 相随着时间和温度的变化图

物质的蒸气压与温度变化曲线如图 2-5-3 所示。曲线 SM 和曲线 ML 分别为该物质固相和液相的蒸气压与温度的关系曲线。在交点 M 处，固液两相蒸气压一致，表明在此温度下，固液两相平衡共存，因此 M 点对应的温度 T_M 即为该物质的熔点。当温度高于 T_M 时，固相全部转化为液相；当温度低于 T_M 时，液相全部转化为固相；只有当温度等于 T_M 时，固液两相同时共存。这也是纯净固体有机化合物具有固定和敏锐熔点的原因。一旦温度超过 T_M，只要有足够的时间，固相就可以全部转化为液相。因此，想要精确测定熔点，在接近熔点时，加热速度一定要缓慢，温度上升速度为1~2 ℃/min，方可使熔化过程接近两相平衡条件。

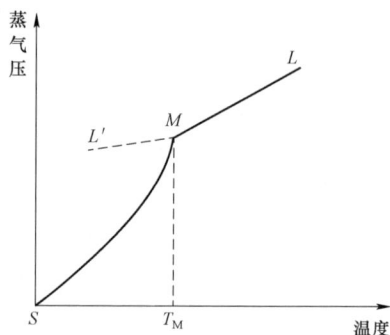

图 2-5-3　物质的蒸气压和温度的关系

目前，熔点测定的方法很多，包括微量熔点测定法（显微熔点仪测熔法）、全自动数字熔点仪测熔法等。

（三）仪器和试剂

1. 主要仪器

温度计、Thiele 管、熔点毛细管、酒精灯、开口软木塞、表面皿、打孔器、剪刀、圆锉、玻璃棒、玻璃管、显微熔点仪、全自动数字熔点仪。

2. 主要试剂

乙酰苯胺、苯甲酸、液体石蜡。

（四）实验步骤

1. 微量熔点测定法

微量熔点测定法，又称显微熔点仪测熔法，该方法用微量样品即可测出熔点，如图 2-5-4 所示是一种较为常见的显微熔点仪。它可测定熔点在室温至 300 ℃范围内的样品，并且可以观察晶体在加热过程中的变化，如结晶失水、升华及分解等。

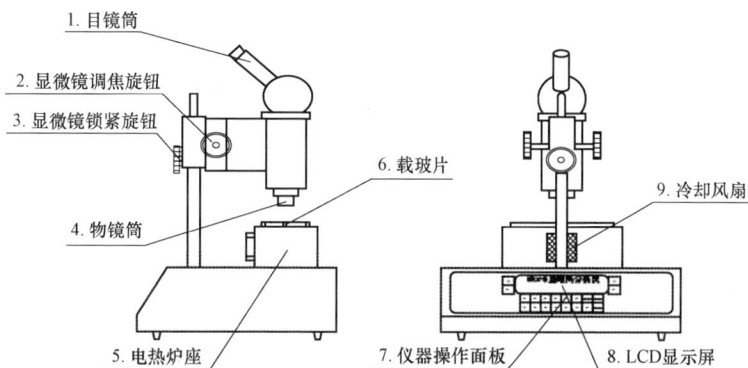

图 2-5-4　显微熔点仪

利用显微熔点仪测定熔点时，将载玻片置于加热台上，取几粒待测样品晶粒放于载玻片上，然后盖上盖玻片。调节显微镜，使视野清晰。然后打开加热器，使温度快速上升。当温度升至距熔点 10～15 ℃时，降低升温速率至 1～2 ℃/min。当温度接近熔点时，控制升温速率为 0.2～0.3 ℃/min。样品晶粒的边缘开始变圆且有液滴出现，表示样品开始熔化，此时的温度即为初熔温度。待样品完全变为液体，此时即为全熔。

2. 全自动数字熔点仪测熔法

如图 2-5-5 所示为一台全自动数字熔点仪，它可以自动显示待测样品初熔、全熔时的温度，操作简单便捷。

具体操作如下：

首先，打开电源开关，待仪器稳定后，设定起始温度和升温速率；待仪器炉温达到起始温度并稳定后，插入样品毛细管；按升温按钮，仪器开始按照设定的工作参数对样品进行加热。当达到初熔点时，仪器自动显示初熔温度；当达到终熔点时，显示终熔温度，同时显示熔化曲线。

图 2-5-5　全自动数字熔点仪

三、折射率的测定

（一）实验目的

（1）学会使用阿贝折射仪。
（2）理解折射率测定的原理和意义。

（二）实验原理

与熔、沸点类似，物质的折射率（也称折光率）同样是有机化合物的重要物理参数之一。折射率的测定可以精确至万分之一，因此作为衡量物质纯度的方法，它比沸点更可靠，利用折射率还可以定性鉴别有机化合物。

在一定的环境条件下，光线从一种介质进入另一种介质后，由于两种介质的密度存在差异，光线的传播速度和传播方向将会发生改变，这种现象就是光的折射现象。如图 2-5-6 所示，光线以入射角 α 从介质 A 进入介质 B 后，传播方向发生了改变，在介质 B 内变为折射角为 β 的光线。

折射率 n 的定义为：入射角 α 与折射角 β 的正弦之比，因此，通过测定临界角可计算得到折射率，这也是阿贝折射仪的工作原理。

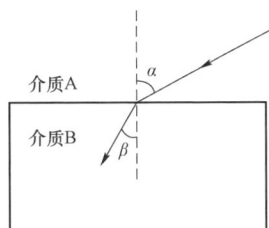

图 2-5-6 光的折射

阿贝折射仪的结构如图 2-5-7 所示，其主要由望远镜组和棱镜组构成。棱镜组由测量棱镜和辅助棱镜两块直角棱镜构成，望远镜组由右边的测量望远镜和左边的读数望远镜构成。测量望远镜主要用于观察折射情况，内装有消色散棱镜。读数望远镜内有刻度盘，其上刻有两列数值，右边一列为折射率（量程：1.300 0～1.700 0），左边一列用于工业测定糖溶液浓度的标度。测定时，光线经过反光镜进入辅助棱镜，发生漫反射，从而以不同角度进入待测样品薄层，然后射到测量棱镜上。此时，一部分光线进入测量目镜，从而可以获得折射率。

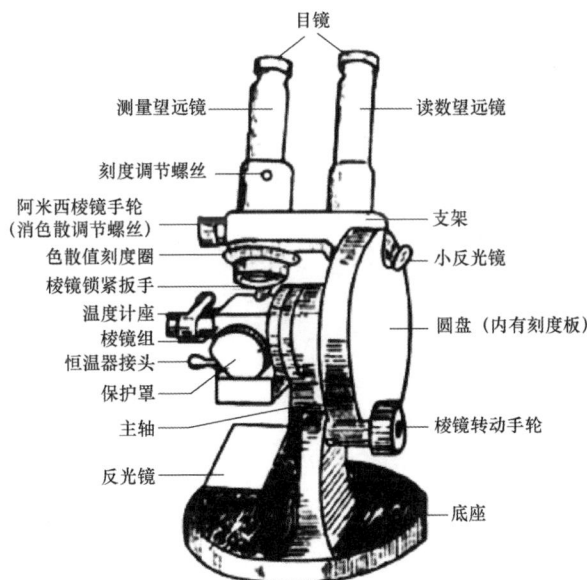

图 2-5-7 阿贝折射仪的结构

不同介质的折射率不同，临界角也不同，因此视野内明暗区域的位置也不同。阿贝折射仪的目镜上有一个"十"字交叉线，每次测量时，只需要调整目镜与介质 B 的相对位置，使明暗交界线恰好与"十"字线的中心重合即可。通过测定目镜与介质 B 的相对角度，经过计算，可获得介质 B 的折射率，阿贝折射仪标尺上的读数就是换算好的介质折射率。

折射率不仅与物质的结构及纯度等内因有关，还受外部因素的影响，包括入射光的波长、温度等。通常单色光（如钠光 D 线，波长 589.3 nm）的测定值比白光更为精确。而阿贝折射仪有消色散棱镜，可以直接利用白光，测得结果与钠光一样准确，折射率随温度的升高通常会下降。因此，表示折射率时要注明光线和温度。例如，n_D^T 表示以钠光作光源，在 20 ℃ 时物质的折射率。温度每升高 1 ℃，有机物的折射率约减小 4.5×10^{-4}。因此，不同温度下折射率的换算公式为：

$$n_D^T = n_D^t + 4.5 \times 10^{-4}(t - T)$$

（三）仪器和试剂

1. 主要仪器

滤纸、擦镜纸、阿贝折射仪。

2. 主要试剂

蒸馏水、乙醇、乙酸乙酯。

（四）实验步骤

1. 安装仪器

用橡皮管将辅助棱镜和测量棱镜上保温套的进、出水口与恒温水浴槽相连，设置好温度。

2．加样

开启辅助棱镜，用乙醇浸湿的擦镜纸擦拭上下镜面。等镜面干燥后，用滴管滴加 1～2 滴蒸馏水于镜面上。旋紧扳手，使蒸馏水铺满镜面。测定蒸馏水的折射率，这一步是对仪器进行校正。

3．对光

调节消色散手柄，使刻度盘标尺显示值为最小，然后调节反光镜，使测量目镜中的视野最明亮。转动棱镜调节旋钮，直至在测量目镜中可以观察到黑白区域的临界线。若在视野中看到彩色的光带，可以调节消色散手柄，直至清晰地观察到黑白分界线。

4．精调

转动棱镜调节旋钮，使黑白分界线恰好与目镜"十"字的交叉点重合。

5．读数

从读数望远镜中读出蒸馏水的折射率，重复 3 次测定蒸馏水的折射率，每次读数相差不超过 0.000 2。取 3 次测定的平均值，将其与蒸馏水的标准值相比，得到零点校正值。一般情况下，校正值较小。若校正值较大，要对整台仪器进行重新校正。

已知，蒸馏水的折射率标准值为 $n_D^{20} = 1.333\,0$，$n_D^{25} = 1.332\,5$。

6．测样

重复步骤 2～5，在步骤 2 中滴入待测样品（乙酸乙酯），测出待测样品的折射率。重复测定 3 次，取其平均值，并根据零点校正值加以校正，已知纯净的乙酸乙酯的 $n_D^{20} = 1.372\ 3$。

7. 清洗

实验完成后，先用干净的擦镜纸擦去棱镜镜面上的液体，再用乙醇浸湿的擦镜纸擦拭镜面。待其干燥后，垫一张干净的擦镜纸，旋上锁钮，放置于仪器室保存。

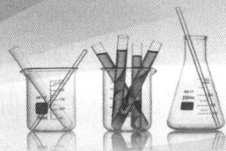

第三章
有机化合物制备实验

本章为有机化合物制备实验，分别介绍了五个方面的内容，依次是环己烯、正溴丁烷、无水乙醇、乙醚的制备；正丁醚、苯乙酮、环己酮、苯甲酸的制备；己二酸、乙酸乙酯、乙酰水杨酸的制备；乙酰苯胺、苯甲酸、苯甲醇、肉桂酸的制备；甲基橙、乙酰二茂铁、1-苯乙醇的制备。

第一节　环己烯、正溴丁烷、无水乙醇、乙醚的制备

一、环己烯的制备

（一）实验目的

（1）通过环己烯的制备，巩固醇脱水反应制备烯烃的原理及方法。
（2）学会蒸馏和分馏操作及分液漏斗的使用。

（二）实验原理

"烯烃是重要的化工原料，工业上主要通过石油裂解的方法制备烯

烃。"①实验室中主要通过醇的分子内脱水、卤代烃脱卤化氢等反应制备烯烃，醇和卤代烃的消除反应的反应择向性皆遵循札依采夫规则。醇脱水生成烯烃时，需要加入催化剂，常用浓硫酸，也可以用磷酸、五氧化二磷等。

本实验采用浓硫酸作为催化剂，使环己醇脱水来制备环己烯，反应式为：

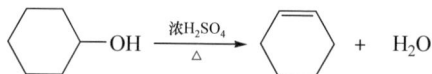

$$\bigcirc\!\!-OH \xrightarrow[\triangle]{浓 H_2SO_4} \bigcirc + H_2O$$

（三）实验仪器、试剂

1. 实验仪器

圆底烧瓶、分馏柱、蒸馏头、直形冷凝管、尾接管、锥形瓶、烧杯、分液漏斗、温度计套、温度计、电热套。

2. 实验试剂

环己醇、浓硫酸、食盐、5%碳酸钠溶液、无水氯化钙。

（四）实验步骤

1. 环己烯的制备

将 15 g（15.6 mL、0.15 mol）环己醇、1 mL 浓硫酸和几粒沸石放入 50 mL 干燥的圆底烧瓶中，充分振摇使其混合均匀。在烧瓶上方安装一个短的分馏柱，分馏柱上方安装温度计套管，接上直形冷凝管，用锥形瓶作为接收瓶，外面用冰水冷却。

---

① 陈碧芬. 应用有机化学 [M]. 宁波：宁波出版社，2012.

用电热套将圆底烧瓶加热，使反应混合物缓慢加热至沸腾，控制加热速度使分馏柱上端的温度不超过 73.4 ℃，馏出液为环己烯和水的混浊液。若无馏出液蒸出，适当调高电压，当烧瓶中剩下很少量的残渣并出现阵阵白雾时，即可停止蒸馏。

2. 环己烯的纯化

馏出液中加入食盐，使之饱和，然后加入 3～4 mL 5%碳酸钠溶液中和微量的酸，然后将此液体倒入分液漏斗中，振摇后静置分层。将有机层倒入干燥的锥形瓶中，用 1～2 g 无水氯化钙干燥。

3. 环己烯的精制

将干燥后的液体过滤到圆底烧瓶中，安装蒸馏装置，加热进行蒸馏，收集 82～85 ℃的馏分，计算产率。纯环己烯为无色液体，沸点为 83 ℃，折射率为 1.446 5。

（五）注意事项

（1）环己醇在常温下是黏稠状液体，因而用量筒量取时应注意转移过程中的损失。

（2）也可以采用磷酸作脱水剂。

（3）环己醇与浓硫酸应充分混合，否则在加热过程中可能会发生局部碳化。

（4）最好使用油浴，以使蒸馏时受热均匀。由于反应中环己烯与水形成共沸物（沸点为 70.8 ℃，含水 10%）、环己醇与环己烯形成共沸物（沸点为 64.9 ℃，含环己醇 30.5%）、环己醇与水形成共沸物（沸点为 97.8 ℃，含水 80%），因此加热时温度不可过高，蒸馏速度不宜太快，以减少环己醇蒸出。

（5）全部蒸馏时间约需 1 h。

（6）在蒸馏已干燥的产物时，蒸馏所用仪器都应充分干燥。

二、正溴丁烷的制备

（一）实验目的

（1）学会用溴化钠、浓硫酸和正丁醇反应制备正溴丁烷的原理与方法。

（2）学习带有气体吸收装置的回流操作，进一步巩固回流操作。

（二）实验原理

卤代烷是有机合成上的重要中间体，卤代烷可以转换为醇、醚、腈、胺、烯等有机化合物。伯醇和氢卤酸发生亲核取代反应是制备卤代烷的一种重要方法，反应一般在酸性介质中进行。

实验室制备正溴丁烷是采用正丁醇与氢溴酸反应，但氢溴酸是一种挥发性很强的无机酸，直接使用不方便，因此在制备时采用溴化钠与浓硫酸作用产生氢溴酸直接参与反应。在该反应过程中，常常伴随消除反应和重排反应的发生。

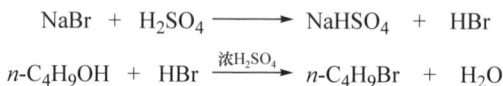

$$NaBr \ + \ H_2SO_4 \longrightarrow NaHSO_4 \ + \ HBr$$

$$n\text{-}C_4H_9OH \ + \ HBr \xrightarrow{\text{浓}H_2SO_4} n\text{-}C_4H_9Br \ + \ H_2O$$

（三）实验仪器、试剂

1. 实验仪器

圆底烧瓶、球形冷凝管、蒸馏头、直形冷凝管、尾接管、锥形瓶、烧杯、分液漏斗、小漏斗、温度计套、温度计、电热套。

2. 实验试剂

正丁醇、浓硫酸、溴化钠、5%氢氧化钠溶液、饱和碳酸氢钠溶液、无水氯化钙。

（四）实验步骤

1. 正溴丁烷的制备

（1）方法一

在 50 mL 圆底烧瓶中加入 6 mL 水和 8.3 mL（0.15 mol）浓硫酸，混合均匀后冷却至室温。再依次加入 4 g（5 mL、0.054 mol）正丁醇及 6.8 g（0.066 mol）溴化钠，振摇后，加入几粒沸石，安装回流装置，并在冷凝管上端接气体吸收装置，用 5%氢氧化钠溶液作为吸收溶剂。加热回流 0.5 h，回流过程中间歇振摇圆底烧瓶。反应结束，稍冷却，之后改为蒸馏装置，蒸出正溴丁烷，至馏出液澄清为止。

（2）方法二

在 250 mL 的圆底烧瓶中，加入 12.5 mL 正丁醇和 16.5 g 研细的 NaBr 及 2~3 粒沸石。安装回流装置，在一个小锥形瓶内放入 15 mL 水，在冷水冷却条件下缓慢分次加入 20 mL 浓硫酸，并不断振摇锥形瓶。将稀释后的硫酸分四次从冷凝管上口加入至圆底烧瓶中，每加入一次，都要充分振摇使反应物混合均匀。加完硫酸后在冷凝管上口加装一个气体接收装置，用水作吸收溶剂。加热回流 45 min，间歇振摇烧瓶。反应结束，待反应物冷却约 5 min，改成蒸馏装置进行蒸馏，用装有 30 mL 水的锥形瓶接收，直至无油滴蒸出为止。

2. 正溴丁烷的纯化和精制

将馏出液倒入分液漏斗中，分出水层。将有机层转至另一干燥的分液漏斗中，用等体积的浓硫酸洗涤，分出硫酸层；有机层再依次用等体积的水、饱和碳酸氢钠溶液及水洗涤。将正溴丁烷分出，放入干燥的锥形瓶中，加入无水氯化钙干燥。

将干燥后的液体过滤至 50 mL 圆底烧瓶中，安装蒸馏装置，收集 99～103 ℃馏分。方法一的产量为 4～5 g，方法二的产量约为 12 g。

纯正溴丁烷为无色透明液体，沸点为 101.6 ℃，折射率为 1.439 9。

（五）注意事项

（1）加料顺序不能颠倒，应先加水，再加浓硫酸，然后依次加入正丁醇和溴化钠。

（2）气体吸收装置的小漏斗倒置在盛有吸收溶剂的烧杯中，其边缘应接近水面但不能全部浸入水面下，否则会产生倒吸现象。

（3）反应过程中浓硫酸和溴化钠会分层，间歇振摇圆底烧瓶可使反应物充分混合，产生溴化氢气体，使反应完全。

（4）30 mL 水的作用是用于判断正溴丁烷是否完全蒸出，若蒸出的液体不分层或油滴不往水下落，则说明正溴丁烷已完全蒸出。

（5）浓硫酸可溶解正丁醇、正丁醚及丁烯，使用干燥分液漏斗是为了防止漏斗中残余水分稀释硫酸而降低洗涤效果。

（6）用浓硫酸洗涤后，产品如呈红棕色，是浓硫酸氧化溴化氢生成溴的原因，这时可用饱和亚硫酸氢钠溶液代替水洗，以除去溴。

三、无水乙醇的制备

（一）实验目的

（1）学习氧化钙法制备无水乙醇的原理和方法。

（2）学会利用普通试剂制备无水试剂的操作技术。

（3）熟练蒸馏和回流操作。

（二）实验原理

在一些要求较高的有机化学实验中，常常要使用无水试剂，如无水乙醇、无水乙醚、无水苯等。由于无水试剂具有较强的吸水性，难以保存，因此通常在使用前制备。

工业用的95%乙醇不能直接用蒸馏方法制备无水乙醇，因为95%乙醇和 5%水形成共沸混合物。制备无水乙醇通常采用氧化钙法，该方法是以95%乙醇为原料，加入干燥剂氧化钙进行回流，除去其中的水分，然后进行蒸馏，制得无水乙醇。这样制得的无水乙醇纯度可达99.5%。反应式为：

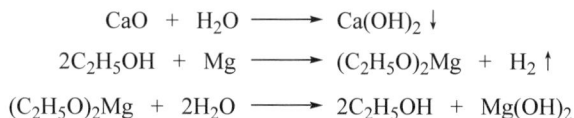

$$CaO + H_2O \longrightarrow Ca(OH)_2 \downarrow$$
$$2C_2H_5OH + Mg \longrightarrow (C_2H_5O)_2Mg + H_2 \uparrow$$
$$(C_2H_5O)_2Mg + 2H_2O \longrightarrow 2C_2H_5OH + Mg(OH)_2$$

（三）实验仪器、试剂

1. 实验仪器

圆底烧瓶、蒸馏头、直形冷凝管、尾接管、锥形瓶、干燥管、分液漏斗、温度计、温度计套、电热套。

2. 实验试剂

95%或99.5%乙醇、生石灰、镁条、5%碳酸钠溶液、无水氯化钙、碘粒。

（四）实验步骤

1. 无水乙醇的制备

在 100 mL 干燥的圆底烧瓶门中加入 40 mL 95%乙醇，小心加入 10 g 块状生石灰后，用橡皮塞塞好放置过夜。安装回流冷凝管，其上端接一个无水氯化钙干燥管，加热回流 1.5 h。回流结束后，稍冷却后，将回流装置改为蒸馏装置，加热蒸馏，蒸去前馏分，再用一个干燥的锥形瓶接收后续的馏分，直至烧瓶中剩余很少的液体，结束蒸馏。

2. 绝对乙醇的制备

在 250 mL 圆底烧瓶中加入 0.8 g 干燥镁条和 10 mL 99.5%乙醇，安装回流装置，回流冷凝管上端接一个无水氯化钙干燥管，加热回流至微沸，移去热源。立即在圆底烧瓶中加入几粒碘粒（注意不要振荡），碘粒周围会发生剧烈的反应，若反应慢可补加碘粒。镁条反应完后，补加 50 mL 99.5%的乙醇及沸石，再加热回流 1 h。回流结束后改成蒸馏装置，收集全部馏分，即得纯度为 99.95%的无水乙醇。无水乙醇为无色透明液体，沸点为 78.5 ℃，折射率为 1.3611。

（五）注意事项

（1）实验中所用仪器均需彻底干燥，无水乙醇具有很强的吸水性，因此操作过程中和储存时一定要严格防水。

（2）若不放置过夜，可适当延长回流时间。

（3）回流保持微沸即可，防止液体迸溅。

（4）蒸馏头有第一滴液体时，调节加热温度，控制蒸馏速度为 1~2 滴/s。

（5）当温度上升特别慢或恒定时，用干燥的锥形瓶接收馏分，即为无水乙醇。

四、乙醚的制备

（一）实验目的

（1）学习伯醇分子间脱水制备简单醚的原理。

（2）知道实验室制备乙醚的方法。

（3）学会低沸点易燃液体的蒸馏操作。

（二）实验原理

醚是一类重要的有机化合物，常用作有机合成中的溶剂。

两分子醇在酸（通常为硫酸）的催化下发生分子间脱水是制备醚的方法之一。该方法适用于用低级伯醇制备单醚，用仲醇制备单醚的收率不高，叔醇则主要发生分子内脱水生成烯烃。由于醇类在较高温度下可以发生分子内脱水生成烯烃，因此操作时要控制好反应温度，以避免过多烯烃副产物的生成。

乙醚是低沸点且易燃的液体，由乙醇制备乙醚时，乙醇先同等量物质的浓硫酸作用，生成硫酸氢乙酯，硫酸氢乙酯再与乙醇反应生成乙醚。生成的乙醚不断地从反应瓶中蒸出。

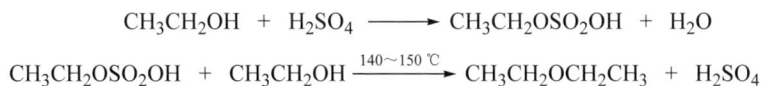

$$CH_3CH_2OH + H_2SO_4 \longrightarrow CH_3CH_2OSO_2OH + H_2O$$

$$CH_3CH_2OSO_2OH + CH_3CH_2OH \xrightarrow{140\sim150\,℃} CH_3CH_2OCH_2CH_3 + H_2SO_4$$

（三）实验仪器、试剂

1. 实验仪器

三颈烧瓶、滴液漏斗、蒸馏头、直形冷凝管、尾接管、锥形瓶、烧杯、分液漏斗、温度计、温度计套、电热套。

2. 实验试剂

95%乙醇、浓硫酸、5%氢氧化钠溶液、饱和氯化钠溶液、无水氯化钙。

（四）实验步骤

1. 乙醚的制备

在 100 mL 干燥的三颈烧瓶中放入 13 mL 95%乙醇，然后将三颈烧瓶浸入冰水浴中；一边摇动烧瓶一边慢慢加入 12.5 mL 浓硫酸，使其混合均匀，并加入几粒沸石。在三颈烧瓶瓶口分别安装滴液漏斗、温度计和蒸馏装置。滴液漏斗的末端、温度计的水银球应浸入液面以下距离三颈烧瓶瓶底 0.5～1 cm 处，将接收瓶浸入冰盐水中冷却，弯接管支管处接上橡皮管，将其通入水槽中（注意整个装置必须严密不漏气）。

在滴液漏斗中加入 25 mL 95%乙醇，然后加热蒸馏，当反应温度升高到 140 ℃时，开始滴加乙醇，控制滴加乙醇的速度，使其和乙醚的馏出速度大致相同（1～2 滴/s）并维持反应温度在 140～150 ℃。乙醇滴加完毕后，继续加热 5～10 min，直到温度上升到 160 ℃时停止加热。

2. 乙醚的纯化

将馏出液倒入分液漏斗中，依次用 8 mL 5%氢氧化钠溶液和 8 mL 饱和氯化钠溶液洗涤，最后用饱和氯化钙溶液洗涤两次（每次用 8 mL）。将乙醚层倒入干燥的锥形瓶中，用 2～3 g 无水氯化钙干燥。

3. 乙醚的精制

将干燥后的乙醚层进行蒸馏（用预先准备好的 50～60 ℃的热水浴），收集 33～38 ℃的馏分，计算产率。纯乙醚为无色易挥发液体，沸点为 34.5 ℃。

（五）注意事项

（1）防止乙醇挥发。

（2）乙醚沸点低，极易挥发（20 ℃时蒸气压为 58.9 kPa），且蒸气比空气重（约为空气的 2.5 倍），容易聚集在桌面附近。当空气中含有 1.85%～36.5% 的乙醚蒸气时，遇火即会发生燃烧爆炸，因此必须保证装置严密不漏气。

（3）控制滴入乙醇的速度与乙醚馏出的速度相等，若滴加过快，乙醇还未反应就被蒸出，而且使反应液的温度下降，减少乙醚的生成。

（4）控制乙醇在 30～40 min 内滴加完毕。

（5）在使用和蒸馏过程中，一定要谨慎小心，同时要远离火源。

第二节　正丁醚、苯乙酮、环己酮、 苯甲酸的制备

一、正丁醚的制备

（一）实验目的

（1）学习正丁醚的制备方法。

（2）学会分水器的分水原理及分水实验操作。

（二）实验原理

醚类化合物可分为简单醚、芳香醚和混合醚。简单醚常用醇在酸催化作用下脱水形成，混合醚常用羧酸盐和卤代烃反应得到，而芳香醚常用酚类物质和卤代烃反应得到。

正丁醚是比乙醚沸点高的单醚，通常利用分水器将生成的水从反应体

系中除去，以提高醚的收率。

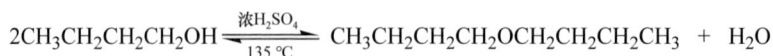

$$2CH_3CH_2CH_2CH_2OH \xrightleftharpoons[135\,℃]{浓H_2SO_4} CH_3CH_2CH_2CH_2OCH_2CH_2CH_2CH_3 + H_2O$$

（三）实验仪器、试剂

1. 实验仪器

三颈烧瓶、分水器、球形冷凝管、蒸馏头、直形冷凝管、尾接管、锥形瓶、分液漏斗、小漏斗、温度计、温度计套、电热套。

2. 实验试剂

正丁醇、浓硫酸、5%氢氧化钠溶液、饱和氯化钠溶液、无水氯化钙。

（四）实验步骤

1. 正丁醚的制备

在 100 mL 干燥的三颈烧瓶中，加入 25 g（31 mL、0.34 mol）正丁醇、4.5 mL 浓硫酸和适量沸石，将混合液充分摇匀。在三颈烧瓶一侧口安装温度计，温度计水银球浸入反应液液面下，中间颈口安装分水器，在分水器中放入（$V=$ 3.5 mL）水，分水器上接球形冷凝管，另一口用磨口塞塞紧。将三颈烧瓶小心加热，保持反应液呈微沸状态，回流分水，回流液经冷凝管收集于分水器内。当烧瓶内反应液温度上升至 135 ℃左右，分水器全部被水充满时即可停止反应。

2. 正丁醚的纯化

将反应液冷却至室温，倒入盛有 50 mL 水的分液漏斗中，充分振摇，将上层粗产物依次用 25 mL 水、15 mL 5%氢氧化钠水溶液、15 mL 水和 15 mL 饱和氯化钠溶液洗涤，然后用 1～2 g 无水氯化钙干燥。

3. 正丁醚的精制

将干燥后的产物进行蒸馏，收集 140~144 ℃的馏分，计算产率。

纯正丁醚为无色液体，沸点为 142.4 ℃，折射率为 1.399 2。

（五）注意事项

（1）V 为分水器的体积，本实验根据理论计算失水体积为 3 mL，实际分出水的体积略大于计算量，故分水器放满水后先分掉约 3.5 mL 水。

（2）反应开始回流时，温度很难达到 135 ℃，因为反应物、产物均能与水形成共沸物：正丁醚与水形成共沸物（沸点为 94.1 ℃，含水 33.4%）；正丁醚与水及正丁醇形成三元共沸物（沸点为 90.6 ℃，含水 29.9%，正丁醇 34.6%）；正丁醇与水形成共沸物（沸点为 93.0 ℃，含水 44.5%）。随着反应的进行，水被蒸出，温度逐渐升高，最后达到 135 ℃左右。

（3）反应时间大约为 1.5 h。

（4）碱洗过程中，不要太剧烈地摇动分液漏斗，否则生成的乳浊液很难被破坏而影响分离。

二、苯乙酮的制备

（一）实验目的

（1）通过实验，知道用傅-克反应制备芳香酮的原理和方法。

（2）学习无水操作的使用，进一步巩固搅拌、蒸馏和萃取操作。

（3）学习气体接收装置的基本操作。

（二）实验原理

傅-克反应是制备芳香酮常用的一种方法，是苯与酰氯和酸酐在路易斯酸催化下发生的反应。常用的路易斯酸催化剂为无水三氯化铝、无水二氯化锌等，若苯环上连有强吸电子基团时，不能发生傅-克反应。

本实验采用苯与乙酸酐在无水三氯化铝的条件下合成苯乙酮，反应式为：

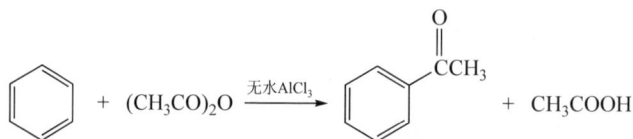

（三）实验仪器、试剂

1. 实验仪器

三颈烧瓶、分液漏斗、搅拌器、球形冷凝管、干燥管、蒸馏头、直形冷凝管、尾接管、锥形瓶、烧杯、分液漏斗、小漏斗、温度计、温度计套、电热套。

2. 实验试剂

三氯化铝、无水苯、乙酸酐、20%氢氧化钠溶液、浓盐酸、5%氢氧化钠溶液、无水硫酸镁。

（四）实验步骤

1. 苯乙酮的制备

在干燥的 250 mL 三颈烧瓶中，加入 20 g 研细的三氯化铝、30 mL 无水苯。在三颈烧瓶口分别安装滴液漏斗、搅拌器、冷凝管，冷凝管管口装氯化钙干燥管，在干燥管后接气体接收装置，其中盛有 20 mL 20% NaOH 溶液作为吸收液。滴液漏斗中盛有 6 mL（约 0.063 mol）乙酸酐和 10 mL 无水苯混合液，先在搅拌下将滴液漏斗中的混合液滴入三颈烧瓶中，约 20 min 滴完。滴加完毕后，加热回流 0.5 h，至无 HCl 气体逸出为止。冷却后将三颈烧瓶浸入冷水浴中，在搅拌下慢慢加入 50 mL 浓盐酸和 50 mL 水的混合液。当瓶内固体完全溶解后，分出苯层，接着水层用 30 mL 苯分两次萃取，混合苯层。

2. 苯乙酮的纯化

苯层依次用 20 mL 5%氢氧化钠溶液、水进行洗涤，洗涤后的苯层用无水硫酸镁进行干燥。

3. 苯乙酮的精制

将干燥后的产物进行蒸馏，先蒸出溶剂苯 3，稍冷后改用空气冷凝管，收集 198～202 ℃的馏分。计算产率。

纯苯乙酮为无色液体，沸点为 202.0 ℃，折射率为 1.537 2。

（五）注意事项

（1）无水三氯化铝在研细、称量、投料的过程中要快速，避免在空气中暴露后吸水，吸水后会导致实验失败。三氯化铝会灼伤皮肤，应避免接触皮肤。

（2）无水操作是本实验成败的关键，所有的仪器必须充分干燥，装置中能和空气接触的地方需安装干燥管。

（3）由于苯乙酮产物不多，宜选用容积小的蒸馏瓶，苯溶液可通过分液漏斗分次加入。

三、环己酮的制备

（一）实验目的

（1）学习由醇氧化制备酮的反应原理和实验方法。

（2）学会简易水蒸气蒸馏的原理及操作方法。

（二）实验原理

"环己酮是工业上常用的有机合成原料及溶剂。"[1]醛和酮可通过相应的伯醇和仲醇氧化制得，实验室中主要通过氧化环己醇来制备环己酮。环己酮虽然较为稳定，但仍必须严格控制反应条件，勿使氧化反应过于剧烈，否则将进一步被氧化而发生碳链断裂。

本实验采用铬酸作为氧化剂，铬酸是重铬酸盐与40%～50%硫酸的混合物，反应式如下：

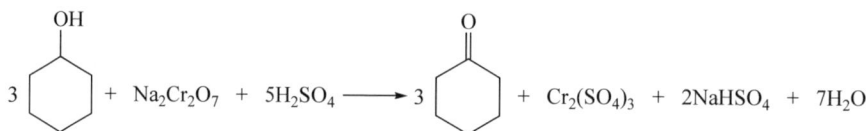

$$3\,\text{环己醇} + Na_2Cr_2O_7 + 5H_2SO_4 \longrightarrow 3\,\text{环己酮} + Cr_2(SO_4)_3 + 2NaHSO_4 + 7H_2O$$

（三）实验仪器、试剂

1. 实验仪器

圆底烧瓶、滴液漏斗、球形冷凝管、蒸馏头、直形冷凝管、尾接管、锥形瓶、分液漏斗、小漏斗、温度计、温度计套、电热套。

---

[1] 林玉萍，万屏南. 有机化学实验［M］. 武汉：华中科技大学出版社，2020.

2. 实验试剂

环己醇、浓硫酸、重铬酸钠、草酸、氯化钠、无水硫酸镁。

（四）实验步骤

1. 环己酮的制备

在 150 mL 的圆底烧瓶中，加入 30 mL 水和一粒搅拌子，在搅拌下慢慢加入 5 mL 浓硫酸，混合均匀并冷却至室温。小心加入 5.2 mL 环己醇（5 g、0.05 mol）。上述混合液中插入温度计，以监测反应温度。

在烧杯中加入 5.1 g 重铬酸钠水合物（$Na_2Cr_2O_7 \cdot 2H_2O$、0.017 mL），使其全部溶解并冷却至室温，得到橙红色溶液，取此溶液 1 mL 并充分搅拌，可观察到反应液由橙红色变为墨绿色并且温度也在不断上升，说明氧化还原反应已经开始。继续向烧瓶中滴加剩余的重铬酸钠溶液，同时不断搅拌，控制滴加速度，保持反应液的温度为 55～60 ℃，若超过此温度立即用水浴进行冷却。

滴加完毕后继续搅拌 30 min 左右，直至反应液完全变为墨绿色并且温度开始下降，若反应液不能完全变为墨绿色，可加入少量草酸（0.5 g 左右）以还原过量的氧化剂。

向圆底烧瓶中加入 25 mL 水和几粒沸石，改成蒸馏装置，加热蒸馏，收集 95 ℃的馏分，利用环己酮与水共沸（环己酮 38.4%，水 61.6%）这一反应，将环己酮与水一起蒸出，直至馏出液变澄清后再蒸出 5 mL（共收集馏分 20～25 mL）。

2. 环己酮的纯化

馏出液中加入氯化钠（4～5 g）使之饱和，搅拌使氯化钠溶解，转入分液漏斗中，静置，分层后分去水相（下层）。

3. 环己酮的精制

将有机相转入干燥的锥形瓶中，加入无水硫酸镁干燥 15 min，过滤除去硫酸镁，滤液转入 50 mL 圆底烧瓶中继续蒸馏，收集 150～156 ℃的馏分于已称量的干燥锥形瓶中。称量（产量为 3～3.5 g），计算产率。纯环己酮为无色透明液体，沸点为 155.6 ℃，折射率为 1.450 7。

（五）注意事项

（1）重铬酸钠是强氧化剂且有毒，应避免与皮肤接触，残留物不得随意乱倒，回收到指定容器中，避免污染环境。

（2）橙红色的重铬酸盐变为墨绿色的低价铬盐。

（3）若氧化还原反应没有发生，不要继续加氧化剂，铬酸达到一定浓度时，氧化还原反应会非常剧烈，有失控的风险。

（4）温度过低，反应进行太慢，温度过高，可能导致酮的断链氧化。

（5）也可加入 0.5 mL 左右甲醇作氧化剂。

（6）这一步蒸馏实质上是简化的水蒸气蒸馏。水的馏出量不宜过多，否则盐析后仍有少量环己酮溶于水而损失掉。

（7）31 ℃时环己酮在水中的溶解度为 2.4 g，加入氯化钠是为了利用盐析效应降低环己酮的溶解度，有利于其分层。有未溶解的氯化钠时，不要带入分液漏斗中，以免引起堵塞。

四、苯甲酸的制备

（一）实验目的

（1）学习苯甲酸的制备原理及方法。

（2）通过实验进一步巩固回流、蒸馏、抽滤等操作。

（二）实验原理

苯甲酸俗称安息香酸，可用作食品防腐剂、聚酰胺树脂改性剂、医药和燃料中间体，还可用于制备增塑剂和香料等。苯甲酸的工业生产方法主要有三种：甲苯液相空气氧化法、三氯甲苯水解法和邻苯二甲酸酐脱水法。

实验室制备苯甲酸常用的方法为甲苯氧化法。苯环的结构非常稳定，一般情况下，与氧化剂如稀硝酸、高锰酸钾、过氧化氢、铬酸等都不反应。若苯环上连有侧链且含有 α-氢原子，遇到强氧化剂时，侧链可被氧化成羧酸。

本实验采用高锰酸钾作为氧化剂，氧化甲苯得到苯甲酸钾盐，酸化后得到苯甲酸，反应式如下：

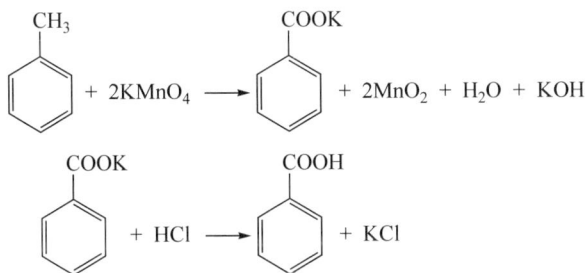

$$\text{C}_6\text{H}_5\text{CH}_3 + 2KMnO_4 \longrightarrow \text{C}_6\text{H}_5\text{COOK} + 2MnO_2 + H_2O + KOH$$

$$\text{C}_6\text{H}_5\text{COOK} + HCl \longrightarrow \text{C}_6\text{H}_5\text{COOH} + KCl$$

氧化反应一般都是放热反应，为使反应能够平稳进行，必须将反应控制在一定的温度下。

（三）实验仪器、试剂

1. 实验仪器

圆底烧瓶、球形冷凝管、布氏漏斗、抽滤瓶、抽滤垫、烧杯、电热套。

2. 实验试剂

甲苯、高锰酸钾、浓盐酸。

（四）实验步骤

1. 苯甲酸的制备

在 250 mL 圆底烧瓶中加入 3.2 mL 甲苯（2.78 g、0.03 mol）、130 mL 水、10 g 高锰酸钾（0.063 mol）和一粒搅拌子。搅拌使高锰酸钾溶解，反应液分层，上层为甲苯，下层为紫红色高锰酸钾水溶液。安装回流冷凝管，搅拌下加热至反应液沸腾，回流反应 1.5～2 h，直至甲苯层几乎消失，回流液中不再有油珠，此时溶液的紫色全部褪去。

趁热抽滤除去反应生成的二氧化锰，用少量热水洗涤滤渣。滤液冷却至室温，搅拌下慢慢加入浓盐酸酸化，至 pH 为 2～3，有大量白色晶体析出。

2. 苯甲酸的精制

将析出的苯甲酸抽滤，用少量冷水洗涤，然后干燥、称量，计算产率。若要得到纯净产品，可在水中进行重结晶。

纯苯甲酸为鳞片状或针状晶体，熔点为 122.1 ℃。

（五）注意事项

（1）上层的量非常少，只有薄薄的一层，需仔细观察。

（2）如果氧化反应进行比较完全，但反应液仍有紫红色，可能是有稍过量的高锰酸钾，可加入少量亚硫酸氢钠。操作时，需关闭加热，持续搅拌，慢慢从冷凝管上口滴加饱和的亚硫酸氢钠溶液至紫红色消失即可。

（3）苯甲酸在 100 ℃左右开始升华，故干燥温度不宜太高，50～60 ℃即可。

（4）苯甲酸在不同温度时于 100 mL 水中的溶解度分别为 0.18 g（4 ℃）、0.27 g（18 ℃）、2.2 g（75 ℃）。

第三节　己二酸、乙酸乙酯、乙酰水杨酸的制备

一、己二酸的制备

（一）实验目的

（1）学习环己醇氧化制备己二酸的原理和方法。

（2）学习有毒气体生成物的处理方法。

（二）实验原理

己二酸是合成尼龙-66 的主要原料之一，工业上制备己二酸的方法主要有腈水解法、格氏试剂法和氧化法。

实验室制备己二酸可通过强氧化剂氧化环己醇制得，仲醇氧化得到酮，酮遇到强氧化剂（如高锰酸钾、硝酸等）时可继续被氧化，碳链断裂生成碳原子数更少的羧酸，而环己酮是环状结构，控制好反应温度，碳链氧化断裂后可得到单一产物己二酸。

本实验采用 50% 硝酸为氧化剂，氧化环己醇得环己酮，环己酮进一步被氧化后开环，最终制得己二酸。反应式如下：

$$3\ \text{(C}_6\text{H}_{11}\text{OH)} + 8HNO_3 \longrightarrow 3\ \text{(COOH-COOH)} + 7H_2O + 8NO$$

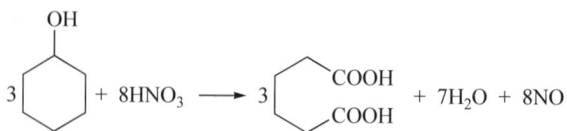

反应过程中产生的一氧化氮气体极易被空气中的氧气氧化成二氧化氮，此时需用碱液将其吸收。

（三）实验仪器、试剂

1. 实验仪器

三颈烧瓶、滴液漏斗、球形冷凝管、小漏斗、烧杯、布氏漏斗、抽滤垫、抽滤瓶、温度计、温度计套、电热套。

2. 实验试剂

环己醇、浓硝酸、稀氢氧化钠溶液、饱和氯化钠溶液、无水氯化钙。

（四）实验步骤

1. 己二酸的制备

在 50 mL 三颈烧瓶中加入 10 mL 水、10 mL 浓硝酸（0.16 mol）和一粒搅拌子，搅拌均匀后，在三颈烧瓶上安装回流冷凝管、温度计和滴液漏斗，并在回流冷凝管上连接气体吸收装置，用稀氢氧化钠溶液吸收反应过程中产生的二氧化氮气体。

将 4.2 mL 环己醇（4 g、0.04 mol）置于滴液漏斗中。搅拌下水浴加热至 80 ℃，从滴液漏斗中滴加 2 滴环己醇，反应立即开始，温度计的温度随即上升至 85～90 ℃，逐滴滴加剩余的环己醇，控制滴加速度，使反应液的温度始终控制在 85～90 ℃。当环己醇全部加入，且反应液的温度降回 80 ℃时，将反应液升温至 85～90 ℃继续搅拌 15 min，使其充分反应。

2. 己二酸的精制

将反应液趁热倒入烧杯中，放于冰水浴中充分冷却，有晶体析出，抽滤，用少量冰水洗涤滤饼，干燥后称量（粗产量约为 4 g），计算产率。若要得到纯净产品，可在水中进行重结晶。

纯己二酸为白色晶体，熔点为 152 ℃。

（五）注意事项

（1）二氧化氮为红棕色气体，有毒，所以装置要严密，不漏气。反应结束拆卸装置时，也应移至通风橱中进行。

（2）环己醇和硝酸切不可用同一量筒量取，两者相遇会产生剧烈反应并放出大量热，容易发生意外。环己醇在室温下为黏稠状液体，极易残留在量筒中，为了减少转移的损失，可用少量温水冲洗量筒，并倒入分液漏斗中，从而既降低了环己醇的凝固点，也可避免漏斗堵塞。

（3）反应为放热反应，滴加环己醇时应严格控制滴加速度，切不可滴加太快，以免反应过于剧烈，失去控制。

（4）必要时可向水浴中添加冷水降温。

（5）反应完毕后，要趁热倒出反应液，若任其冷却，己二酸会结晶析出，不容易倒出，造成产品的损失。

二、乙酸乙酯的制备

（一）实验目的

（1）学习酯化反应的原理和乙酸乙酯的制备方法。

（2）知道提高可逆反应转化率的实验方法。

（3）学会液体有机化合物的洗涤、干燥及蒸馏等精制方法。

（二）实验原理

乙酸乙酯是一种重要的有机溶剂和化工原料。乙酸乙酯的合成方法很多，例如：可以用乙酸或其衍生物与乙醇反应制得，也可以用乙酸钠与卤代烷反应来合成。其中最常用的方法是在酸催化下，乙酸和乙醇直接酯化，常用浓硫酸、浓盐酸、对甲苯磺酸等作催化剂。

本实验采用浓硫酸作催化剂，乙酸和乙醇酯化生成乙酸乙酯，反应式如下。

主反应：

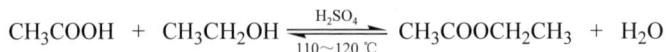

副反应：

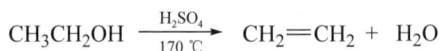

酯化反应为可逆反应，为了提高乙酸乙酯的产率，一方面加入过量的乙醇，另一方面在反应过程中不断蒸出生成的酯和水，促使两者平衡并向生成酯的方向移动。

（三）实验仪器、试剂

1. 实验仪器

三颈烧瓶、圆底烧瓶、滴液漏斗、球形冷凝管、蒸馏头、直形冷凝管、尾接管、锥形瓶、小漏斗、温度计、温度计套、电热套。

2. 实验试剂

95%乙醇、冰乙酸、浓硫酸、20%饱和碳酸钠溶液、饱和氯化钠溶液、饱和氯化钙溶液、无水硫酸钠。

（四）实验步骤

1. 乙酸乙酯的制备

（1）方法一

在 150 mL 圆底烧瓶中，加入 23 mL 95%乙醇和 15 mL 冰乙酸，振摇下分次加入 7.5 mL 浓硫酸，摇匀后加入 2～3 粒沸石。安装回流装置，加热回流 30 min。停止加热，冷却至冷凝管管口无滴液时，改为蒸馏装置，蒸馏至不再有馏出物为止，即可得到乙酸乙酯粗品。

（2）方法二

在 150 mL 三颈烧瓶中，加入 10 mL 95%乙醇，在振摇下分次加入 10 mL 浓硫酸，摇匀后加入 2～3 粒沸石。安装实验装置时，要注意温度计和滴液漏斗应插入液面下，漏斗末端应距瓶底 0.5～1 cm。装置安装好后，在滴液漏斗中加入由 20 mL 95%的乙醇和 20 mL 冰醋酸组成的混合液，先向瓶内滴入 3～4 mL，然后在电热套上慢慢加热到 110～120 ℃，这时蒸馏管口应有液体流出，再由滴液漏斗慢慢滴加剩余的混合液，控制滴加速度与蒸出液体的速度尽可能相同（约 70 min 滴完），并始终维持反应液温度在 110～120 ℃之间。滴完后继续保温 120 ℃至不再有液体流出为止，此时锥形瓶中接收的溶液为乙酸乙酯粗品。

2. 乙酸乙酯的纯化

乙酸乙酯层用 20 mL 20%饱和碳酸钠溶液分两次进行洗涤，接着依次用 10 mL 饱和氯化钠溶液、10 mL 饱和氯化钙溶液洗涤，弃去下层液，从分液漏斗上口将酯层倒入至干燥的 50 mL 锥形瓶中，每 10 mL 乙酸乙酯加入 1～2 g 无水 Na_2SO_4 干燥至溶液澄清。

3. 乙酸乙酯的精制

将干燥澄清的粗乙酸乙酯过滤到 50 mL 圆底烧瓶中，安装蒸馏装置进行蒸馏，收集 73～78 ℃的馏分，称量，计算产率。

纯乙酸乙酯为无色透明液体，具有果香味，沸点为 77.06 ℃，折射率为 1.372 7。

（五）注意事项

（1）本实验需加入浓硫酸作为脱水剂和催化剂。

（2）滴液漏斗的末端必须插入液面下，如果在液面上滴入的乙醇和乙酸溶液由于来不及反应就被蒸出，从而影响反应速度和产量；若插入液面太深，由于压力关系，混合溶液难以滴下。

（3）加热温度不宜过高，否则会增加副产物的含量，或反应物碳化减少产量。若滴加速度过快会使乙酸和乙醇来不及反应就被蒸出，减少产量。

（4）在流出液中会混有未反应完的酸性杂质，需加入碳酸钠溶液去除。

（5）为减小酯在水中的溶解度，采用饱和氯化钠溶液洗涤。必须把碳酸钠除净，才能用饱和氯化钙溶液洗涤，否则，会产生絮状的碳酸钙沉淀。

三、乙酰水杨酸的制备

（一）实验目的

（1）通过实验学习酰化反应的原理及方法。

（2）通过乙酰水杨酸的纯化过程，熟练减压过滤及重结晶操作技术。

（二）实验原理

乙酰水杨酸即阿司匹林，具有解热镇痛、治疗感冒、软化血管的作用，会使肠癌的发生率降低 30%～50%。

水杨酸具有镇痛、退热等作用，常用于治疗风湿病和关节炎，但对胃肠道具有较大的刺激作用，研究发现水杨酸进行乙酰化后可保持原有活性并能减小其副作用。水杨酸是一种具有羧基和酚羟基的双官能团化合物，可以根据反应的特性与基团的不同发生两种酯化反应，即水杨酸与乙酸酐或乙酰氯反应，生成乙酰水杨酸，反应式如下：

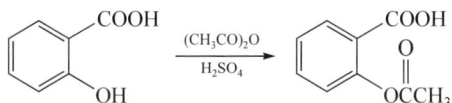

水杨酸与甲醇反应，可生成水杨酸甲酯，反应式如下：

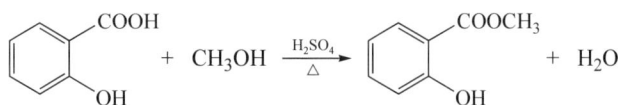

酚羟基与羧基容易形成分子内氢键，阻碍酰化和酯化反应的发生，此时可以加入少量的浓硫酸、浓磷酸或高氯酸等破坏氢键，不仅可以降低反应温度，也可以减少副产物的生成。水杨酸可发生分子间缩合反应而生成聚合物，此聚合物不溶于碳酸氢钠，水杨酸可溶于碳酸氢钠，因此可利用溶解性的不同进行乙酰水杨酸的纯化。

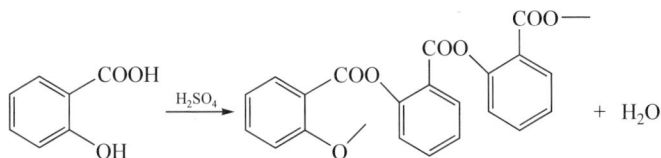

反应中水杨酸常与反应产物共存，这是由于水杨酸乙酰化不完全或产物在分离步骤中发生水解造成；产物的纯度可利用酚羟基能与 $FeCl_3$ 形成蓝紫色配合物的反应来进行检测。

（三）实验仪器、试剂

1. 实验仪器

锥形瓶、烧杯、布氏漏斗、抽滤瓶、抽滤垫、电热套、试管。

2. 实验试剂

水杨酸、乙酸酐、盐酸、95%乙醇、饱和碳酸氢钠溶液、三氯化铁溶液。

（四）实验步骤

1. 乙酰水杨酸的合成

（1）方法一

在 100 mL 干燥的锥形瓶中加入 2 g 水杨酸和 3.5 mL 乙酸酐，加入乙酸酐时需不断振摇，防止出现不溶物。接着滴加 2 滴浓硫酸，充分振摇，使水杨酸溶解，在 75～80 ℃的恒温水浴锅中，不断振摇使其反应 15～20 min。自然冷却至室温，有晶体析出（若无晶体析出可用玻璃棒摩擦瓶壁至出现结晶），之后一边不断搅拌，一边加 50 mL 蒸馏水至锥形瓶中，搅散大块晶体使过量的乙酸酐分解，继续在冷水浴中冷却至晶体析出完全。抽滤，先用滤液将晶体完全转移至布氏漏斗中，再用蒸馏水洗涤晶体 2～3 次，抽干晶体。将晶体转移至表面皿中，自然晾干，称量，得到粗产品。

（2）方法二

在 100 mL 干燥的锥形瓶中加入 2 g 水杨酸、0.1 g 无水碳酸钠和 1.8 mL 乙酸酐，充分振摇，使水杨酸溶解，在 75～80 ℃的恒温水浴锅中，不断振摇反应 10 min。趁热将反应液倒入盛有 30 mL 蒸馏水和 0.5 mL 盐酸的烧杯中，倒入过程中需不断搅拌。继续在冷水浴中冷却至晶体析出完全。抽滤，用蒸馏水洗涤晶体 2～3 次，抽干晶体，干燥，得到粗产品。

2. 乙酰水杨酸的纯化

（1）方法一

将粗产品放入 50 mL 锥形瓶中，加入 95%乙醇 5 mL，水浴加热至完全溶解，趁热滴加 50～60 ℃的温水 15 mL 至溶液变混浊，冷却后有大量晶体析出，抽滤。先用滤液将晶体完全转移至布氏漏斗中，再用 10 mL 醇—水（体积比为 1:3）溶液洗涤晶体 2～3 次，抽干晶体，自然晾干，称量，计算产率。

（2）方法二

将粗产物放入 100 mL 小烧杯中，加入 25 mL 饱和碳酸氢钠溶液，搅拌至无气泡产生。抽滤除去不溶物，用 5～10 mL 蒸馏水洗涤不溶物，将滤液倒入盛有 4 mL 浓盐酸和 10 mL 水的烧杯中，搅拌均匀，有晶体析出。继续在冷水浴中冷却至晶体析出完全，抽滤，洗涤晶体 2～3 次，抽干，干燥，称量，计算产率。

3. 产品纯度检验

取少量纯品于试管中，加入 5 mL 水溶解后，滴加 2 滴 1%三氯化铁溶液，观察颜色变化。测定熔点，乙酰水杨酸为白色针状晶体，其熔点为 135～136 ℃。

（五）注意事项

（1）反应过程中，反应温度不宜过高，否则副产物增多；盛有反应物的锥形瓶不能离开水浴，否则反应不完全。

（2）冷却速度过快，溶液中容易出现油状物，影响产品质量。若出现油状物需重新水浴加热，并用玻璃棒将油状物完全打散。

（3）加入盐酸的目的是使乙酰水杨酸游离，游离的乙酰水杨酸在水中的溶解度小，容易从溶液中析出。

（4）乙酰水杨酸遇热易分解，熔点不明显。在测定熔点时，应先将载体加热至 120 ℃左右，再放入样品进行测定。

第四节　乙酰苯胺、苯甲酸、苯甲醇、肉桂酸的制备

一、乙酰苯胺的制备

（一）实验目的

（1）学习酰化反应的原理和过程，知道乙酰苯胺的制备原理和实验操作。

（2）通过乙酰苯胺的纯化过程，进一步巩固重结晶的操作方法。

（二）实验原理

苯胺的酰化反应是有机合成中比较重要的一类反应，可用来保护氨基、降低芳胺对氧化剂的敏感性；也可降低氨基在亲电取代中的反应活性，特别是卤化反应可进行单取代，药物合成中常用酰化反应降低芳胺的毒性。

芳胺可与酰氯、酸酐、磺酰氯等发生酰化反应，酰胺在酸碱催化下可以重新解离恢复氨基。芳胺乙酰化反应常用的酰化剂为乙酸、乙酸酐、乙酰氯等，其中乙酸价格便宜，但反应活性低；乙酸酐和乙酰氯反应活性高，但价格昂贵。本实验采用乙酸酐作乙酰化试剂，反应式如下：

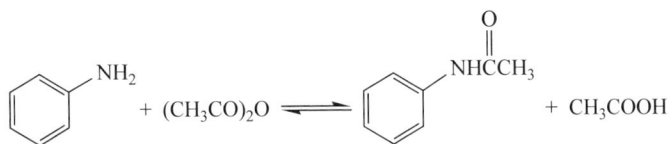

本反应是可逆反应，为了提高平衡转化率，可加入过量的乙酸酐。反应中加入锌粉可防止苯胺的氧化，但不能加入过多，否则易形成氢氧化锌而难以处理。

（三）实验仪器、试剂

1. 实验仪器

圆底烧瓶、分馏柱、蒸馏头、直形冷凝管、尾接管、锥形瓶、烧杯、布氏漏斗、抽滤垫、抽滤瓶、温度计、温度计套、电热套。

2. 实验试剂

苯胺、乙酸、乙酸酐、锌粉、浓盐酸、活性炭、乙酸钠。

（四）实验步骤

1. 乙酰苯胺的合成

（1）方法一

在 100 mL 干燥的圆底烧瓶中加入 5 mL 新蒸苯胺、7.5 mL 乙酸和 0.1 g 锌粉，安装分馏装置，先用小火加热，使反应物保持微沸 15 min。然后逐渐升高温度，保持分馏柱温度在 100～110 ℃，反应 1 h。当温度计读数下降或瓶内出现白雾时，停止加热。趁热将反应物倒入 100 mL 的冰水中，剧烈搅拌，有固体析出。冷却至完全结晶，抽滤，先用滤液将晶体转移至布氏漏斗中，再用蒸馏水洗涤 2～3 次，抽干，得到粗产品。

（2）方法二

在 100 mL 烧杯中加入 5 g 苯胺，在冰水浴冷却下缓慢加入 6 mL 乙酸酐，用玻璃棒搅拌 30 min 至糊状。将糊状物转移至 250 mL 的烧杯中，再加入 100 mL 蒸馏水，冰水浴冷却至晶体完全析出，抽滤，先用滤液将晶体转移至布氏漏斗中，再用蒸馏水洗涤 2~3 次，抽干，得到粗产品。

（3）方法三

在 250 mL 烧杯中加入 100 mL 水和 5 mL 浓盐酸，在搅拌下加入 6 mL 苯胺，待苯胺完全溶解后加入 1 g 活性炭，搅拌均匀后加热煮沸 5 min，趁热抽滤以除去活性炭和不溶物。将滤液转移至 250 mL 烧杯中，加入 7 mL 乙酸酐，再加入 50 ℃含有 8 g 乙酸钠的水溶液 20 mL，混合均匀。放入冰水浴中冷却，使其结晶完全。抽滤，用少量蒸馏水洗涤 2~3 次，抽干，得到粗产品。此法制备的乙酰苯胺较为纯净，可不用进行进一步纯化。

2. 乙酰苯胺的纯化

将粗乙酰苯胺转入盛有 100 mL 热水的烧杯中，加热至沸，使之溶解，如仍有未溶解的油珠，可补加热水。稍冷却后，加入约 1 g 活性炭，在加热下搅拌几分钟，趁热抽滤。滤液自然冷却至室温，析出乙酰苯胺的白色晶体。抽滤，干燥，称量，计算产率。

乙酰苯胺为无色片状结晶，熔点为 114.3 ℃。

（五）注意事项

（1）苯胺易氧化，久置后颜色会加深，影响乙酰苯胺的质量，所以最好使用新蒸的苯胺。

（2）刺形分馏柱需特殊定制，可在保证分馏效果的情况下，尽量缩短长度，否则整个装置太高，影响柱顶温度的控制。

（3）生成的副产物乙酸和水被蒸馏出，总体积约为 4.5 mL。

（4）反应液冷却后，固体物质会黏在瓶壁难以处理，所以需趁热在搅拌下倒入冷水中，从而除去过量的乙酸和未反应的苯胺。

（5）加入活性炭可去除晶体中的色素，一般用量为样品的 5%。

（6）趁热过滤过程中，需预热抽滤装置，防止热溶液遇到冷的抽滤装置时析出晶体，降低乙酰苯胺的产量。

二、苯甲酸和苯甲醇的制备

（一）实验目的

（1）学习利用苯甲醛通过 Cannizzaro 反应制备苯甲醇和苯甲酸的原理。

（2）学会液体和固体有机物的纯化方法，熟练洗涤、蒸馏及重结晶等纯化操作。

（3）了解回收乙醚应采用的装置及注意事项。

（二）实验原理

Cannizzaro 反应：无 α-H 的醛类和浓的强碱溶液作用时，发生分子间的自身氧化还原反应，一分子醛被还原成醇，另一分子醛被氧化成酸，此反应称为 Cannizzaro 反应，例如：

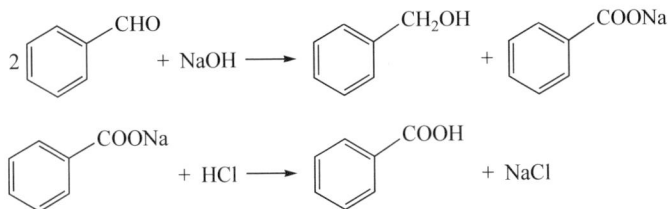

反应后产物的分离纯化可利用两种产物在水和乙醚中溶解度的不同进行，即苯甲醇易溶于乙醚，而苯甲酸钠易溶于水，用乙醚可将苯甲醇从

水溶液中萃取出。苯甲酸的精制利用的是苯甲酸在热水中溶解，在冷水中不溶的性质。

（三）实验仪器、试剂

1. 实验仪器

三颈烧瓶、圆底烧瓶、搅拌器、球形冷凝管、蒸馏头、直形冷凝管、尾接管、锥形瓶、空气冷凝管、小漏斗、温度计、温度计套、烧杯、布氏漏斗、抽滤瓶、抽滤垫、电热套。

2. 实验试剂

氢氧化钠、苯甲醛、乙醚、饱和亚硫酸氢钠溶液、10%碳酸氢钠溶液、无水硫酸镁、浓盐酸、刚果红试纸、活性炭。

（四）实验步骤

1. 苯甲酸和苯甲醇的合成

（1）方法一

在 150 mL 锥形瓶中，将 6.5 g 氢氧化钠溶于 9 mL 水中，冷却至室温后，在振摇下，分 3 次加入 10 mL 苯甲醛，用橡皮塞塞好瓶口，用力振荡，直到生成白色乳状液为止。塞紧瓶口，静置 24 h。在反应混合物中加入 20 mL 蒸馏水，振摇使固体完全溶解。

（2）方法二

在 250 mL 三颈烧瓶中加入 8 g 氢氧化钠和 30 mL 水，搅拌溶解。冷却后加入 10 mL 苯甲醛，安装机械搅拌和回流装置，另一口塞住。开启搅拌器，调节转速，使搅拌平稳匀速。加热回流 40 min，停止加热，从球形冷凝管管口缓慢加入 20 mL 蒸馏水，混合均匀后冷却至室温。

2. 苯甲酸和苯甲醇的纯化

将反应混合液倒入分液漏斗中，用 30 mL 乙醚分 3 次萃取，混合乙醚液。将所得的水液和乙醚液分别进行处理。

苯甲醇：将乙醚液倒入分液漏斗中，依次用 5 mL 饱和亚硫酸氢钠溶液、10 mL 10%碳酸氢钠溶液、10 mL 水进行洗涤。将乙醚液放入干燥小锥形瓶中，每 10 mL 乙醚液加入 1～2 g 无水硫酸镁干燥。

苯甲酸：将水层盛于烧杯内用浓盐酸酸化，酸化至刚果红试纸变蓝并有大量白色苯甲酸晶体析出。充分冷却，抽滤，用滤液将晶体完全转移至布氏漏斗中，再用少量蒸馏水洗涤 2～3 次，抽干，晾干，称量。

3. 苯甲酸和苯甲醇的精制

苯甲醇：将干燥的乙醚液过滤至 50 mL 圆底烧瓶中，加热先蒸出乙醚。然后改用空气冷凝管，继续加热，收集 198～204 ℃的馏分即得苯甲醇，称量，计算产率。

纯苯甲醇为无色透明液体，沸点为 205.3 ℃，折射率为 1.539 2。

苯甲酸：取 2 g 苯甲酸粗品加入 110 mL 水中，加热至完全溶解后，稍冷，加入 0.1 g 活性炭，加热煮沸 5～10 min。趁热抽滤，滤液自然冷却结晶，抽滤，先用滤液将晶体完全转移至布氏漏斗中，再用水洗涤晶体 2～3 次，抽干，干燥，称量，计算产率。

苯甲酸为白色针状结晶，熔点为 122 ℃。

（五）注意事项

（1）本实验使用乙醚，乙醚沸点较低，易燃烧，使用时避免出现明火；蒸乙醚时必须使用真空尾接管和磨口锥形瓶，锥形瓶外部用冷水浴进行冷却，尽量减少乙醚的挥发。

（2）苯甲酸 80 ℃时在水中的溶解度为 2.2 g，加热过程中溶剂易挥发，需多加 20%的溶剂挥发量，所以 2 g 苯甲酸粗品需加入水 110 mL。

三、肉桂酸的制备

（一）实验目的

（1）通过肉桂酸的制备学习，掌握 Perkin 反应及其基本操作。

（2）学会水蒸气蒸馏的原理、作用和操作。

（3）进一步巩固固体有机化合物的提纯方法：脱色、重结晶。

（二）实验原理

肉桂酸是生产冠心病药物"心可安"的重要中间体，其酯类衍生物是配制香精和食品香料的重要原料，它在农用塑料和感光树脂等精细化工产品的生产中也有着广泛应用。

本实验利用 Perkin 反应，将芳醛和羧酸酐混合后，在相应羧酸盐存在下加热，使化合物发生羟醛缩合反应，再脱水生成目标产物肉桂酸。本实验用碳酸钾代替乙酸钠，可以缩短反应时间，其反应式为：

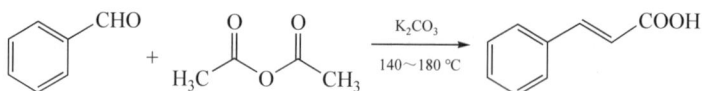

（三）实验仪器、试剂

1．实验仪器

三颈烧瓶、圆底烧瓶、球形冷凝管、蒸馏头、直形冷凝管、酒精灯、尾接管、烧杯、转接管、温度计、温度计套、电热套、水浴锅。

2. 实验试剂

苯甲醛、乙酸酐、无水碳酸钾、碳酸钠、活性炭、浓盐酸、乙醚、溴化钾。

（四）实验步骤

在 250 mL 圆底烧瓶中放入 3 mL（0.03 mol）新蒸馏的苯甲醛、8 mL（0.085 mol）新蒸馏的乙酸酐、4.2 g 研细的无水碳酸钾，并安装装置。加热回流 40 min（加热温度保持在约 170 ℃）。由于有二氧化碳放出，最初会有泡沫产生。

反应结束后，冷却反应混合物，然后加入 20 mL 水，用玻璃棒轻轻压碎瓶中固体，缓慢加入 10.0 g 碳酸钠，摇动烧瓶使固体溶解。然后进行水蒸气蒸馏，要尽可能地使蒸气产生的速度快，蒸馏直至蒸出液中无油珠为止。

冷却后，卸下水蒸气蒸馏装置，向烧瓶中加入约 1.0 g 活性炭，再加热回流 2~3 min，然后进行热过滤。将滤液转移至干净的 200 mL 烧杯中，待滤液冷却至室温后，在搅拌下，用浓盐酸酸化至溶液呈酸性（大约用 25 mL 浓盐酸），冷却至肉桂酸结晶完全，抽滤，用少量冷水洗涤沉淀，抽干，在 100 ℃下干燥，称量，计算产率。

取少量样品溶于乙醚中，将液体涂在单晶溴化钾片上，用红外灯干燥后，扫描得红外光谱（见图 3-4-1）。

（五）注意事项

（1）久置后的苯甲醛易自动氧化成苯甲酸，这不但影响产率而且苯甲酸混在产物中不易除净，影响产物的纯度，故苯甲醛使用前必须蒸馏。

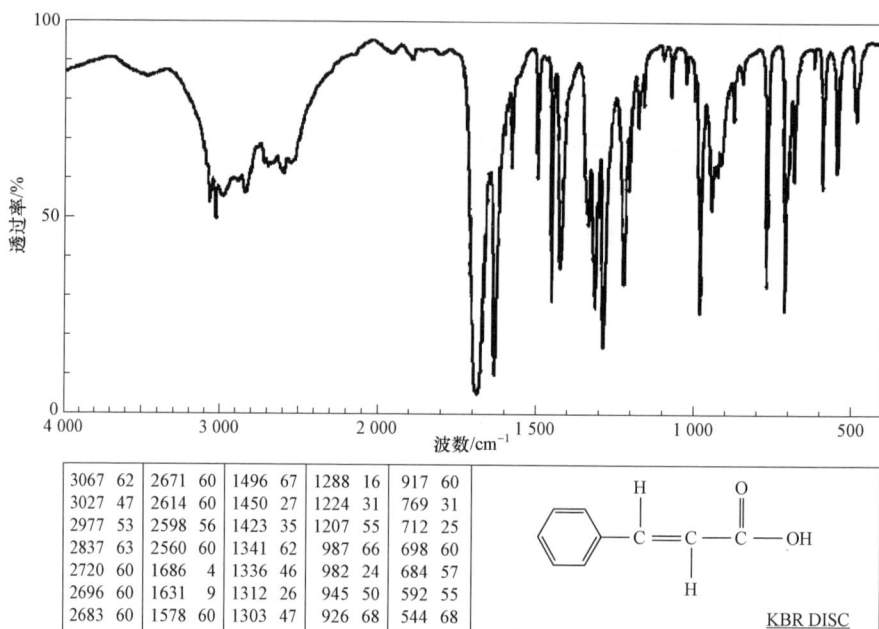

图 3-4-1　肉桂酸的标准红外光谱图

（2）放置过久的乙酸酐易潮解吸水成乙酸，故在实验前必须将乙酸酐重新蒸馏，同时，由于无水碳酸钾的吸水性很强，操作要快。它的干燥程度对反应能否进行和产量的提高都有明显的影响。

（3）所用仪器必须是干燥的。因乙酸酐遇水能水解成乙酸，影响反应进行（包括称取苯甲醛和乙酸酐的量筒）。

（4）加热回流，控制反应呈微沸状态，如果反应液激烈沸腾，易使乙酸溅蒸出影响产率。

（5）反应物必须趁热倒出，否则易凝成块状。热过滤时布氏漏斗要事先在沸水中加热，用时取出，动作要快。

（6）进行酸化时要慢慢加入浓盐酸，一定不要加入太快，以免产生大量 CO_2 将产品冲出烧杯，造成产品损失。中和时必须使溶液呈碱性，控制 pH＝8 较合适，不能用 NaOH 中和，否则会发生 Cannizzaro 反应。

（7）肉桂酸要彻底结晶，再进行冷过滤；不能用太多水洗涤产品。

第五节 甲基橙、乙酰二茂铁、1-苯乙醇的制备

一、甲基橙的制备

（一）实验目的

（1）通过甲基橙的制备，掌握重氮化反应和偶联反应的操作技术。

（2）巩固盐析和重结晶的原理和操作。

（二）实验原理

甲基橙是典型的偶氮染料之一，也是一种常用的酸碱指示剂，它是由对氨基苯磺酸重氮盐与 N,N-二甲基苯胺的乙酸盐，在弱酸性介质中偶联得到的。偶联首先得到的是亮红色的酸式甲基橙，称为酸性黄，在碱性环境中，酸性黄转变为橙黄色的钠盐，即甲基橙。其反应式如下：

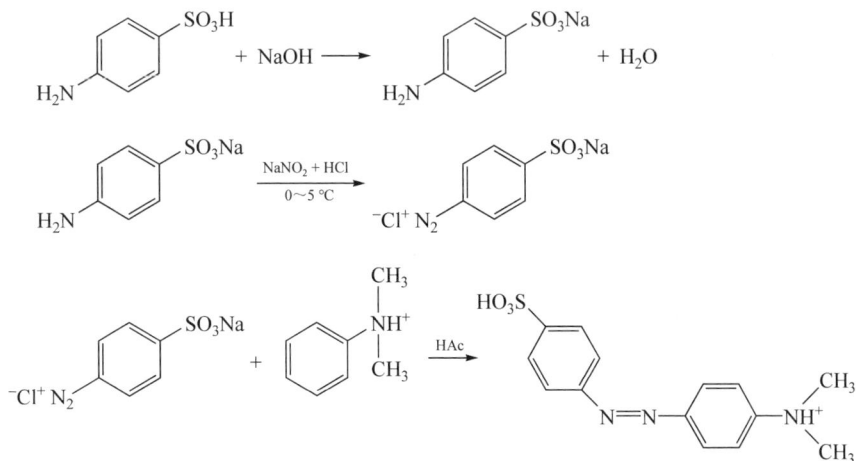

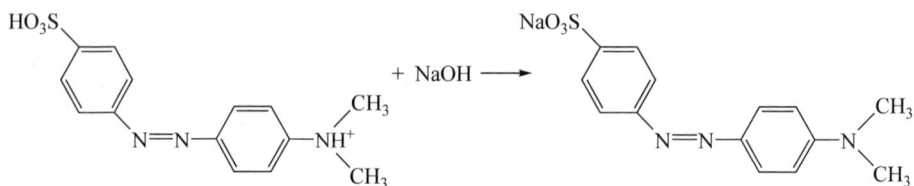

（三）实验仪器、试剂

1. 实验仪器

烧杯、布氏漏斗、抽滤瓶、抽滤垫、电热套。

2. 实验试剂

对氨基苯磺酸、5%氢氧化钠溶液、亚硝酸钠、浓盐酸、N,N-二甲基苯胺、冰乙酸。

（四）实验步骤

1. 对氨基苯磺酸重氮盐的制备

在 100 mL 烧杯中放入 2.1 g 对氨基苯磺酸晶体，加入 10 mL 5%氢氧化钠溶液，在热水浴中温热使之溶解，再冷却至室温。

另取 0.8 g 亚硝酸钠溶于 6 mL 水中，加入上述烧杯中，用冰盐浴冷却至 0~5 ℃。在不断搅拌下，将 3 mL 浓盐酸与 10 mL 水配成的溶液缓缓滴加到上述混合液中，并控制温度在 5 ℃以下。滴加完后用玻璃棒蘸取少量液体于淀粉-碘化钾试纸上检验，试纸应变为蓝色。然后在冰盐浴中放置 15 min，使重氮化反应完全。

2. 偶联反应

取一支试管，加入 1.2 mL N,N-二甲基苯胺和 1 mL 冰乙酸，振荡使之混合。不断搅拌下将此溶液慢慢加到上述冷却的重氮盐溶液中，加完后继续搅拌 10 min，使偶联反应进行完全。然后在搅拌下慢慢加入 25 mL 5% 氢氧化钠溶液，直至反应物变为橙色，这时反应液呈碱性，粗制的甲基橙呈细粒状沉淀析出。将反应物在沸水浴上加热 5 min 使沉淀溶解，冷却至室温后再置于冰水浴中冷却，使甲基橙全部重新结晶析出。之后抽滤，依次用少量水、乙醇洗涤，压干收集晶体。

若要得到较纯的产品，可将滤饼连同滤纸移到装有 75 mL 热水（水中溶有 0.1～0.2 g 氢氧化钠）的烧杯中，微微加热并且不断搅拌，滤饼几乎完全溶解后，取出滤纸让溶液冷却到室温，然后在冰水浴中冷却，待晶体完全析出后，抽滤，沉淀，并依次用少量水、乙醇洗涤，得到橙色的小片状甲基橙晶体。称量，计算产率。

检验：溶解少许产品于水中，加几滴稀盐酸，然后用稀氢氧化钠溶液中和，观察溶液颜色有何变化。

纯甲基橙是橙黄色片状晶体，没有明确熔点，pH3.1（红）—pH4.4（橙黄）。

（五）注意事项

（1）对氨基苯磺酸是两性化合物，其酸性略强于碱性，以酸性内盐存在，所以它能溶于碱而不溶于酸。

（2）为了使对氨基苯磺酸完全重氮化，反应过程必须不断搅拌。

（3）重氮化反应过程中控制温度很重要，若温度高于 5 ℃，则生成的重氮盐易水解成酚类，降低产率。

（4）若不显蓝色，则需酌情补加亚硝酸钠溶液。若亚硝酸已过量，可用尿素水溶液使其分解。

（5）在此时往往析出对氨基苯磺酸重氮盐。这是因为重氮盐在水中可以电离，形成内盐（$N{=}\overset{+}{N}$—⬡—SO_3^-），此内盐在低温时由于难溶于水而形成细小结晶析出。

（6）若反应物中含有未反应的 N,N-二甲基苯胺乙酸盐，在加入氢氧化钠后，就会有难溶于水的 N,N-二甲基苯胺析出，影响产物的纯度。湿的甲基橙在空气中受光照射后，颜色会很快变深，故一般得紫红色粗产物。如果要使其干燥，可再依次用乙醇洗涤晶体。

二、乙酰二茂铁

（一）实验目的

（1）通过乙酰二茂铁的合成，学习设计合成方案，理解 Friedel-Crafts 酰基化反应原理。

（2）巩固减压蒸馏操作、柱色谱分离和提纯化合物的原理和技术。

（3）学习用红外光谱、熔点测定等方法对产物进行表征和确定，用薄层色谱检测产品纯度的方法。

（二）实验原理

二茂铁是一种新型的夹心过渡金属有机配合物。其茂环具有芳香性，能进行亲电取代反应，可以制得二茂铁的多种衍生物。二茂铁与乙酸酐反应，得到乙酰二茂铁。

反应式如下：

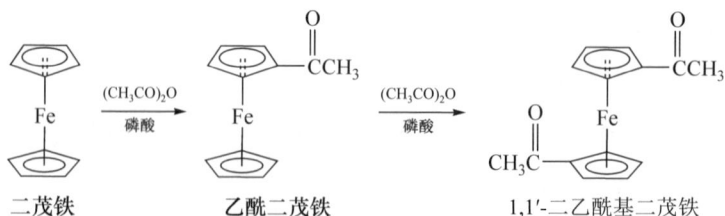

二茂铁　　　　　乙酰二茂铁　　　　　　1,1'-二乙酰基二茂铁

色谱法是分离、提纯和鉴定有机化合物的重要方法之一，具有极其广泛的用途。其基本原理是利用混合物中各组分与某一物质的吸附或溶解性

能（即分配）的不同，或与其亲和作用性能的差异，使混合物的溶液流经该物质，进行反复吸附或分配等作用，从而将各组分分开。

有机化合物的红外光谱能提供丰富的结构信息，通过与标准谱图比较，可以确定化合物的结构。对于未知样品，通过官能团、顺反异构、取代基位置、氢键结合及配合物的形成等结构信息可以推测结构。大量实验结果表明，一定的官能团总是对应于一定的特征吸收频率，即有机分子的官能团具有特征红外吸收频率，这对于利用红外谱图进行分子结构鉴定具有重要意义。

（三）实验仪器、试剂

1. 实验仪器

圆底烧瓶、球形冷凝管、干燥管、烧杯、薄层板、色谱柱、毛细管、烧杯。

2. 实验试剂

二茂铁、乙酸酐、亚硝酸钠、85%磷酸、无水氯化钙、固体碳酸氢钠、乙酸乙酯、二氯甲烷、甲醇、石油醚、溴化钾。

（四）实验步骤

1. 乙酰二茂铁的制备

在 100 mL 圆底烧瓶中，加入 1.5 g（8.05 mmol）二茂铁和 5 mL（5.25 g，87 mmol）乙酸酐，在振荡下用滴管加入 2 mL 85%的磷酸。

投料完毕，用装有无水氯化钙干燥管的球形冷凝管塞住瓶口，在 60 ℃ 水浴上加热搅拌反应 15 min，装置如图 3-5-1 所示。将反应化合物倒入盛有 40 g 碎冰的 400 mL 烧杯中，并用 10 mL 冷水润洗烧瓶，将润洗液倒入烧杯中。在搅拌下，分批加入固体碳酸氢钠（约 20 g），到溶液呈中性为止（要避免溶液溢出和碳酸氢钠过量，但要足量，否则乙酰二茂铁析出不充分，pH7～8）。将中和后的反应化合物置于冰浴中冷却 15 min，抽滤收集析出的橙黄色固体，每次用 40 mL 冰水洗两次，压干后在空气中干燥便可得到粗品。

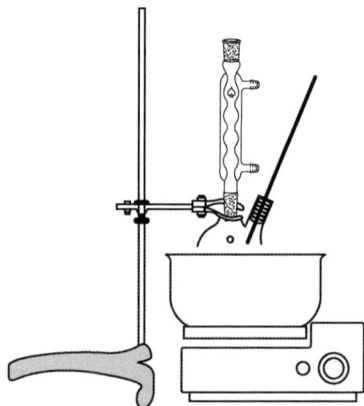

图 3-5-1 回流装置

2. 用柱色谱分离纯化乙酰二茂铁

（1）点样

取少许干燥后的粗产物和二茂铁分别溶于乙酸乙酯中，用毛细管分别吸取上述两种溶液，将其分别点在薄层板距底边约 1 cm 处的硅胶上，点要尽量圆而小，两点的高度要一致，点样时不要破坏硅胶层，之后晾干，同样方法点 5 块薄层板。

（2）确定流动相

将 5 块薄层板依次放入层析缸中，每次分别装入少量石油醚、乙酸乙酯、二氯甲烷、甲醇的纯溶剂或不同比例的混合溶剂，高度约 0.5 cm（不要超过薄层板上的点样高度），加盖，待溶剂上升到距上边约 1 cm 时，取出薄层板，在空气中晾干。用铅笔记录各薄层板上溶剂到达的位置和各斑点中心的位置。确定产物 R_f＜0.5 的展开剂作为柱色谱洗脱剂使用。

（3）装柱

将色谱柱垂直固定于铁架台上。从柱子顶端用玻璃棒将少许脱脂棉推到柱的底部，用玻璃棒压住棉花，打开柱下活塞，将硅胶（200～300目）与石油醚组成的悬浮液装入色谱柱中，硅胶的高度约为 15 cm，装柱时不要在柱中留有气泡，以免影响分离效果，控制流出速度为 1～2 滴/s。轻轻提起移出玻璃棒，使硅胶自然沉降，待所有硅胶倒完，用滴管吸取余下的洗脱液，并将黏附在柱内壁的硅胶淋洗下来，然后用橡胶管轻轻敲击柱身，使柱面平整，无气泡产生，从而使其装填紧密而均匀。

（4）柱色谱分离

流动相液面和硅胶相平时，开始装样。在色谱柱中沿壁加入 3～5 mL约含 0.4 g 粗产物乙酸乙酯的溶液，在加入时不要扰动硅胶，打开色谱柱活塞使柱内液体以 1～2 滴/s 的速度下滴，使硅胶充分吸附样品，当液面与硅胶相平时，先用石油醚（或者石油醚:乙酸乙酯＝20:1）作为洗脱剂从柱顶加入（先将柱壁黏附的粗产物洗到硅胶界面，等液面和硅胶界面再次相平时，再慢慢加入洗脱剂），粗产物在色谱柱中逐渐展开得到黄色、橙色分离的色谱带（见图 3-5-2）。黄色的二茂铁首先从柱下流出，用干燥的

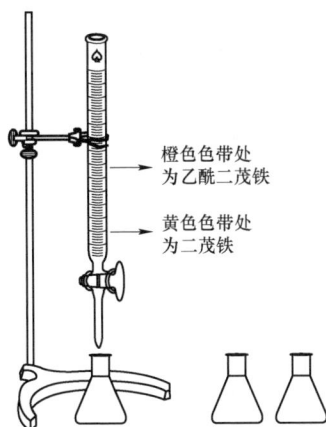

图 3-5-2　色谱柱

锥形瓶收集洗脱溶液，当黄色色带完全洗脱下来后，改用石油醚:乙酸乙酯为 5:1～10:1 洗脱剂，橙色色带往下移动，用另外的干燥锥形瓶收集洗脱液。两种色谱带都有比较明显的拖尾现象（若色带有重叠部分，另用一个锥形瓶收集）。

3. 用薄层色谱检测粗产品纯度与产品表征

（1）按其他实验中所述的方法测定乙酰二茂铁的熔点，并与文献值比较。

（2）用 KBr 压片法测定乙酰二茂铁的红外光谱（见图 3-5-3），与文献的标准图谱进行比较，并指出特征吸收峰的归属。

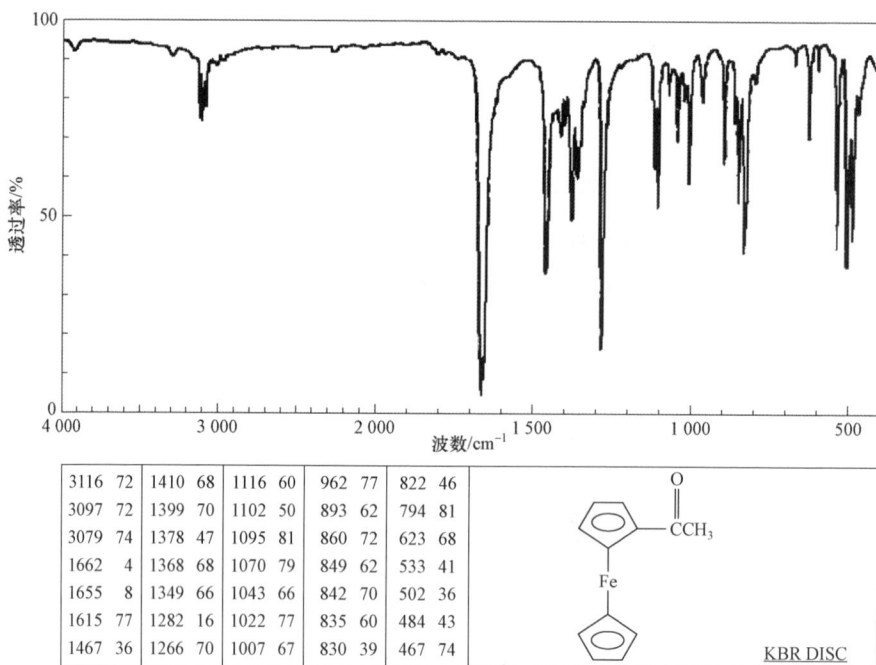

3116 72	1410 68	1116 60	962 77	822 46
3097 72	1399 70	1102 50	893 62	794 81
3079 74	1378 47	1095 81	860 72	623 68
1662 4	1368 68	1070 79	849 62	533 41
1655 8	1349 66	1043 66	842 70	502 36
1615 77	1282 16	1022 77	835 60	484 43
1467 36	1266 70	1007 67	830 39	467 74

图 3-5-3　乙酰二茂铁的标准红外光谱图

（五）注意事项

（1）滴加磷酸时一定要在振摇下用滴管慢慢加入。

（2）烧瓶要干燥，反应时应用干燥管，避免空气中的水分进入烧瓶内。

（3）用碳酸氢钠中和时因逸出大量二氧化碳，容易出现激烈鼓泡，应小心操作，防止因加入过快使产物逸出。最好用 pH 试纸检验溶液的酸碱性，但如果反应混合物色泽较深，使用 pH 试纸有困难时，可以加碳酸氢钠至气泡消失，气泡消失则可作为中和完成的判断标准。

（4）在装柱、洗脱过程中，始终保持有溶剂覆盖吸附剂。另外还要注意一个色带与另一色带的洗脱液的接收不要交叉。

三、1-苯乙醇的制备

（一）实验目的

（1）掌握硼氢化钠还原苯乙酮合成外消旋体 1-苯乙醇的反应原理和实验方法。

（2）学会采用 TLC（薄层色谱）监测反应过程的方法。

（二）实验原理

硼氢化钠是一种无机化合物，在常温常压下稳定，对空气中的水分和氧的反应较稳定，容易操作处理，适用于工业规模。因为溶解性的问题，通常使用甲醇、乙醇作为溶剂，在无机合成和有机合成中硼氢化钠常用作还原剂。硼氢化钠可以在非常温和的条件下实现醛酮羰基的还原，生成一级醇、二级醇。硼氢化钠是一种中等强度的还原剂，所以在反应中表现出良好的化学选择性，也就是只还原活泼的醛酮羰基，而不与酯、酰胺作用，一般也不与碳碳双键、碳碳三键发生反应。少量硼氢化钠可以将腈还原成醛，过量则还原成胺。硼氢化钠还原苯乙酮合成外消旋体 1-苯乙醇的反应方程式如下：

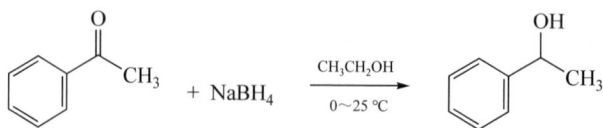

1-苯乙醇也叫苏合香醇，外观为无色至淡黄色液体，香气似栀子、紫丁香样香气，带少许玫瑰香韵，可用于调配日化香精，也可作为制取乙酸苏合香酯和丙酸苏合香酯的原料。

（三）实验仪器、试剂

1. 实验仪器

圆底烧瓶、量筒、薄层色谱板、分液漏斗、锥形瓶、小漏斗、旋转蒸发仪、红外光谱仪。

2. 实验试剂

乙醇、硼氢化钠、乙酸乙酯、饱和氯化钠、无水硫酸钠、溴化钾。

（四）实验步骤

1. 1-苯乙醇的制备

在 100 mL 圆底烧瓶中加入乙醇（30 mL）和硼氢化钠（1.0 g、26 mmol），搅拌。在冰浴条件下再缓慢加入苯乙酮的乙醇溶液（4 mol/L）5 mL（控制冰浴温度低于 10 ℃）。添加完毕，再用 5 mL 乙醇涮洗量筒并加入反应体系，移除冰浴，在室温下搅拌。室温反应 0.5 h 后，采用薄层色谱板监测反应体系中原料的反应程度（展开剂为 $V_{石油醚}/V_{乙酸乙酯}=8$）。

2. 1-苯乙醇的纯化

当原料消失后，将大部分乙醇被蒸干，然后加入乙酸乙酯（40 mL）

和水溶液（30 mL）萃取。将 20 mL 饱和氯化钠溶液洗涤后放入 100 mL 锥形瓶中，并加入 4.0 g 无水硫酸钠干燥 5 min。

3. 1-苯乙醇的精制

在普通漏斗上塞入棉花，将干燥后的乙酸乙酯溶液经漏斗过滤后引入 100 mL 圆底烧瓶中，利用旋转蒸发仪减压蒸馏（或常压蒸馏）回收乙酸乙酯后得到（＋/－）-1-苯乙醇粗产物，称量，计算产率。可通过 TLC 粗略确定纯度，如需进一步纯化可用柱色谱方法。

4. 1-苯乙醇的红外光谱

取少量（＋/－）-1-苯乙醇涂在预先压好的溴化钾盐片上，测试和分析（＋/－）-1-苯乙醇的红外光谱（见图 3-5-4），并和原料苯乙酮的红外光谱做对比（见图 3-5-5）。

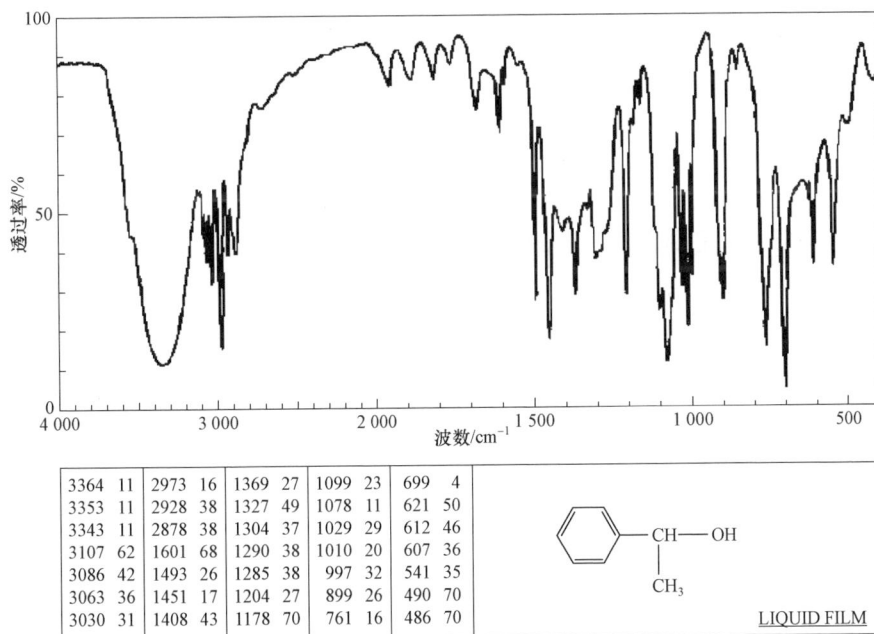

图 3-5-4 （＋/－）-1-苯乙醇的红外光谱图

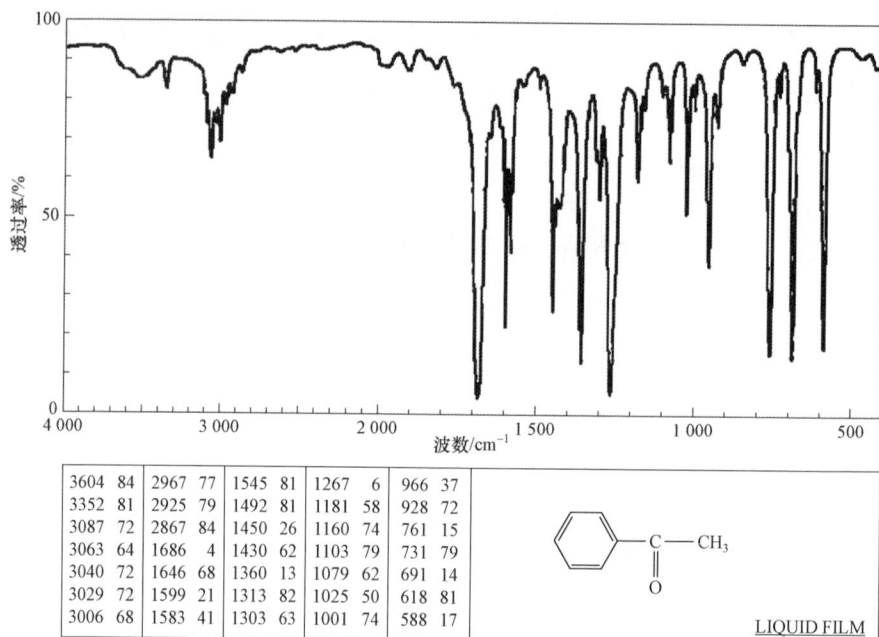

3604	84	2967	77	1545	81	1267	6	966	37
3352	81	2925	79	1492	81	1181	58	928	72
3087	72	2867	84	1450	26	1160	74	761	15
3063	64	1686	4	1430	62	1103	79	731	79
3040	72	1646	68	1360	13	1079	62	691	14
3029	72	1599	21	1313	82	1025	50	618	81
3006	68	1583	41	1303	63	1001	74	588	17

LIQUID FILM

图 3-5-5　苯乙酮的标准红外光谱图

（五）注意事项

（1）苯乙酮具有刺激性气味，所以要事先将其配成苯乙酮的乙醇溶液使用。使用过程中尽量不要将溶液洒到实验台、玻璃仪器及衣物上，使用后的量筒尽快用少量乙醇溶液清洗。

（2）控制冰浴温度低于 10 ℃。

（3）在进行红外测试前，要将乙酸乙酯尽量干燥；用毛细管在溴化钾盐片上涂很薄一层 1-苯乙醇即可，千万不要涂多；测试后的盐片不要随意丢弃，要集中起来一并处理。

第四章
天然有机化合物提取实验

本章为天然有机化合物提取实验，依次介绍了咖啡因、薄荷油、芦丁的提取；丹皮酚、菠菜色素、多糖的提取；番茄红素和 β-胡萝卜素的提取；氨基酸的纸色谱分离、设计性提取实验等四个方面的内容。

第一节　咖啡因、薄荷油、芦丁的提取

一、从茶叶中提取咖啡因

（一）实验目的

（1）通过实验，学习并了解茶叶中的有效成分及其提取、分离方法。

（2）通过实验巩固回流、过滤、蒸馏、升华、熔点测定等实验操作。

（3）进一步熟练掌握索氏提取器的使用方法。

（二）实验原理

茶叶的化学成分是由3.5%～7.0%的无机物和93%～96.5%的有机物组

成的。无机物元素约 27 种，有机物主要有蛋白质、脂质、糖类、氨基酸、生物碱、茶多酚、有机酸、色素、挥发性成分等。

茶叶中含有多种生物碱，其中以咖啡因为主，咖啡因是弱碱性化合物，易溶于氯仿、水、乙醇等。含结晶水的咖啡因为无色针状晶体，味苦，在 100 ℃时失去结晶水，并开始升华，120 ℃升华显著，178 ℃时升华很快，无水咖啡因的熔点为 234.5 ℃。

咖啡因为黄嘌呤的衍生物，化学名称为：1,3,7-三甲基黄嘌呤。其结构式为：

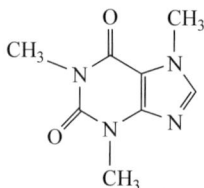

提取茶叶中的咖啡因往往利用适当的溶剂，如氯仿、乙醇、苯、二氯甲烷等，在索氏提取器中连续抽提，然后蒸去溶剂，即得粗咖啡因。一般粗咖啡因中含有其他一些生物碱和杂质，可以利用咖啡因升华的性质进行提纯，也可以通过重结晶方法进行纯化。

工业上制备咖啡因主要是通过合成获得。咖啡因可以通过测定显色反应、薄层色谱、熔点、光谱等方法进行鉴别，还可以通过制备咖啡因水杨酸盐衍生物得以确认，衍生物的熔点为 137 ℃。

药用咖啡因可用作心脏、呼吸器官和中枢神经的兴奋剂，同时也具有利尿作用；还可用作治疗脑血管的头痛，尤其是偏头痛。但过度使用也会有副作用，会让人产生耐药性和上瘾。

（三）实验仪器、试剂规格及物理常数表

1. 实验仪器

圆底烧瓶、索氏提取器、球形冷凝管、直形冷凝管、蒸馏头、尾接管、

锥形瓶、布氏漏斗、抽滤瓶、抽滤垫、玻璃漏斗、蒸发皿、量筒、温度计、温度计套、滤纸、电热套、熔点仪、试管、薄层板、滤纸。

2. 试剂规格

茶叶、95%乙醇、生石灰、碘化铋钾、硅钨酸、20%磷钼酸、醋酸、丙酮、水杨酸、甲苯、石油醚、环己烷、乙酸乙酯。

（四）实验步骤及装置图

1. 咖啡因的提取

（1）方法一

称取 10 g 茶叶末，放入索氏提取器的滤纸套筒中，在圆底烧瓶中加入 95%乙醇 75 mL，安装连续加热回流装置，加热连续提取 2~3 h。待冷凝液刚刚虹吸下去时，立即停止加热。稍冷后，改成蒸馏装置，回收提取液中的大部分乙醇（见图 4-1-1）。

（2）方法二

在 250 mL 圆底烧瓶中加入 10 g 茶叶末和 100 mL 95%乙醇，再加入 2~3 粒沸石。安装回流装置，加热回流 30 min。停止加热，并冷却至室温，抽滤，收集滤液。将滤液倒入 250 mL 圆底烧瓶中，安装蒸馏装置，加热蒸馏回收乙醇（见图 4-1-2）。

2. 咖啡因的分离

将乙醇回收后的剩余液体倒入蒸发皿中，加热蒸发乙醇至糊状，拌入 3~4 g 生石灰，在不断搅拌下用小火焙炒，使糊状物脱水成粉末状。冷却，擦去沾在边上的粉末，以免在升华过程中污染产物。取一只合适的玻璃漏斗罩于蒸发皿上，玻璃漏斗口塞上棉花，蒸发皿上隔着刺有许多小孔的滤纸，滤纸的毛面朝上。将蒸发皿放在可控温度的热源上，加热进行升华。

153

当滤纸上出现许多毛状晶体时，停止加热，让其自然冷却至室温后，小心取下玻璃漏斗，揭开滤纸，用小刀将纸上和器皿周围的咖啡因刮下。残渣经搅拌混合后可进行第二次的升华，混合两次收集的咖啡因，称重并测定熔点（见图 4-1-3）。

图 4-1-1　连续回流提取装置　　图 4-1-2　回流装置　　图 4-1-3　常压升华装置

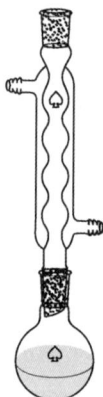

3. 咖啡因的鉴别

（1）与碘化铋钾反应：取少许咖啡因溶于 1 mL 乙醇溶液中，加入 1～2 滴碘化铋钾试剂，观察是否有淡黄色或红棕色沉淀产生。

（2）与硅钨酸反应：取少许咖啡因溶于 1 mL 乙醇溶液中，加入 1～2 滴硅钨酸试剂，观察是否有淡黄色或灰白色沉淀产生。

（3）薄层色谱：将咖啡因乙醇液用毛细管点在硅胶板上，用环己烷-乙酸乙酯混合液（1:1）作展开剂，用 20%磷钼酸的醋酸-丙酮溶液（1:1）显色。若只有一个斑点，说明纯度较高，否则相反。

（4）熔点测定：用熔点测定仪进行测定，熔点为 234～237 ℃。

（5）咖啡因水杨酸衍生物制备：在试管中加入 50 mg 咖啡因、37 mg 水杨酸和 4 mL 甲苯。在水浴中加热溶解，加入 1 mL 60～90 ℃石油醚。在冰水浴中冷却结晶，若无结晶析出，可用玻璃棒摩擦内壁。过滤，收集晶体，测定熔点，纯的衍生物熔点为 137 ℃。

本实验咖啡因的提取和分离需要 6～7 h，鉴别实验需要 6～7 h。

（五）注意事项

（1）滤纸套筒大小要适宜，高度不得超过虹吸管，滤纸包茶叶时要严实，防止茶叶漏出而堵塞虹吸管，纸套上面折成凹形，以保证回流液能将被提取物均匀浸润。

（2）提取液颜色很淡时，即可停止。

（3）回收乙醇时不可蒸得太干，否则残液很黏不易转移，剩余 10～20 mL 时即可进行转移。

（4）生石灰主要有吸水和中和作用。干燥剂用量不能过多，以混合物颜色保持茶色为宜。

（5）升华操作是本实验成败的关键。升华过程中，始终需用小火间接加热。如果温度过高会使产品发黄，影响产品的质量。

二、从薄荷中提取薄荷油

（一）实验目的

（1）通过实验学会水蒸气蒸馏的原理及操作。
（2）通过实验巩固萃取、蒸馏、过滤等操作。

（二）实验原理

水蒸气蒸馏技术常用于和水长时间共沸不反应、不溶或微溶解于水，且具有一定挥发性的有机化合物的分离和提纯。目前，水蒸气蒸馏常用于从植物叶茎中提取香精油及从中草药中提取挥发油和天然药物。

薄荷是唇形科植物薄荷的茎叶。薄荷在临床上，广泛应用于风热感冒、温病初起、风热上攻所致的头痛、目赤、咽喉肿痛等症状。英国萨尔福特大学的研究人员最新发现一种传统中草药——薄荷能够阻止癌症病变处的血管生长，摧毁癌细胞。薄荷的有效成分主要是薄荷挥发油（薄荷素油）、薄荷脑（薄荷醇），薄荷脑（醇）可作为芳香药、调味品及祛风药，并广泛用于日用化工和食品工业中。

薄荷挥发油与水不互溶。当受热二者蒸气压的总和与大气压相等时，混合液开始沸腾，继续加热则挥发油可随水蒸气蒸馏出来，而停止加热并冷却静置，即可将其分离。

（三）实验仪器、试剂

1. 实验仪器

圆底烧瓶、安全管、导管、直形冷凝管、蒸馏头、尾接管、锥形瓶、量筒、温度计、温度计套、电热套、折光仪、电子秤。

2. 实验试剂

薄荷、石油醚、无水氯化钙。

（四）实验步骤

1. 薄荷油的提取

称取薄荷 20 g，置于圆底烧瓶中，加入约占容器 3/4 的水；在水蒸气发生瓶中加水 80 mL，检查整个装置不漏气后，旋开 T 形管的螺旋夹，加热至沸腾。当有大量水蒸气产生并从 T 形管的支管冲出时，立即旋紧螺旋夹，水蒸气便进入蒸馏部分，开始蒸馏。当流出液无明显油珠、澄清透明时，可停止蒸馏（见图4-1-4）。

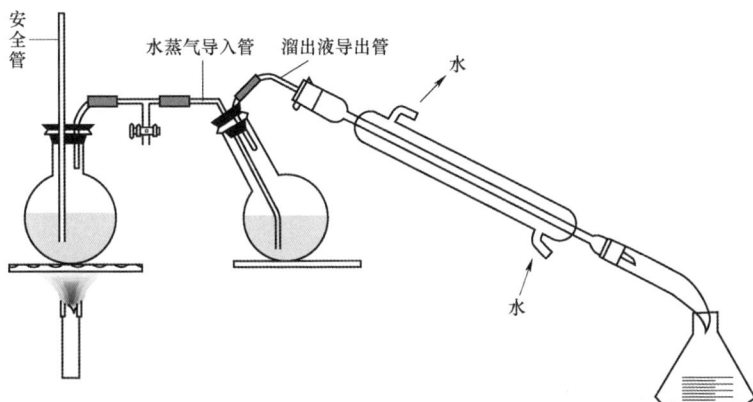

图 4-1-4　水蒸气蒸馏装置

2. 薄荷油的分离

用石油醚（沸程为 30～60 ℃）30 mL 分 3 次萃取，石油醚溶液用无水 CaCl₂ 干燥至澄清。将石油醚溶液过滤至 50 mL 已称量的干燥圆底烧瓶中，安装蒸馏装置，加热收集石油醚，即得薄荷油。擦干烧瓶外壁，称量，计算出油率。

3. 薄荷油的鉴定

用折光仪测定薄荷油的折光率，与标准值 1.458～1.471 比较，判断其纯度。

（五）注意事项

（1）原料可以用新鲜薄荷或薄荷饮片。

（2）本实验也可以用挥发油提取器：称取 20 g 薄荷粉末，放入挥发油提取器中，加水 200 mL，提取 2～3 h，收集薄荷油。用干燥剂干燥后称量，计算出油率。

三、从槐米中提取芦丁

（一）实验目的

（1）通过实验进一步学习碱溶酸沉法提取黄酮苷类化合物的原理及方法。

（2）巩固酸水解、结晶、化学鉴别实验和纸色谱等手段在黄酮苷类化合物分离纯化及结构鉴定中的作用。

（二）实验原理

芦丁为黄酮醇类化合物，广泛存在于植物界，尤以槐米花、荞麦中含量最高，其可作为大量提取芦丁的原料。槐米花所含芦丁含量高达 12%～16%，有调节毛细血管渗透性的作用，临床用作毛细血管止血药，也可作为高血压的辅助治疗药物。芦丁是由槲皮素 3 位上的羟基与芸香糖（Rutinose）脱水而成的苷，芸香糖为 α-L-吡喃鼠李糖基（1→6）、β-D-吡喃葡萄糖基组成。芦丁的结构如下：

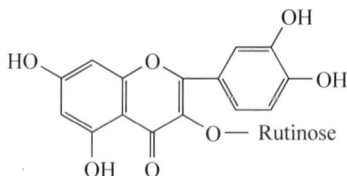

由于芦丁分子结构中含有酚羟基，显弱酸性，能与碱反应生成盐而溶于水溶液，当在溶液中加入酸后，芦丁又会游离析出，所以可以利用碱溶酸沉法进行提取。利用芦丁在冷热水中溶解度差异的特性进行精制。苷类在酸性溶液中可以水解，生成苷元或次生苷和糖。

（三）实验仪器、试剂

1. 实验仪器

烧杯、量筒、布氏漏斗、抽滤瓶、抽滤垫、电热套、电子秤、试管、滤纸、紫外灯。

2. 实验试剂

槐米花、硼砂、石灰乳、浓盐酸、乙醇、10% α-萘酚、浓硫酸、镁粉、1%AlCl3、正丁醇、乙酸。

（四）实验步骤

1. 芦丁的提取

在 500 mL 烧杯中，加入 250 mL 水和 1 g 硼砂，加热至沸腾后，加入槐米花粉末 20 g，在搅拌下加入石灰乳，调节 pH 至 8.5～9，保持煮沸 30 min，趁热抽滤，弃去滤渣。滤液冷却至 60～70 ℃，用浓 HCl 调至 pH4～5，静置 1 h，析出沉淀，抽滤，弃去滤液，收集芦丁粗品。将芦丁粗品悬浮于蒸馏水中，加热煮沸 15 min，趁热过滤，弃去不溶物，静置冷却至结晶完全，抽滤，收集芦丁结晶。于 60～70 ℃干燥，得芦丁精制品，称重，计算产率。

2. 芦丁的定性鉴定

取芦丁 3～4 mg，加乙醇 5～6 mL 使其溶解，分成三份做下述实验：

（1）Molish 反应：取上述溶液 1～2 mL，加入等体积 10%α-萘酚乙醇溶液，摇匀，沿试管壁滴加浓硫酸，静置，观察交界面处颜色变化。

（2）盐酸-镁粉实验：取上述溶液 1～2 mL，加 2 滴浓盐酸，再加少许镁粉，注意观察颜色变化。

（3）AlCl₃反应：取供试液滴于滤纸上，晾干，喷洒 1%AlCl₃醇溶液，在自然光、UV 光下观察颜色变化。

3. 芦丁的纸色谱鉴定

色谱材料：色谱滤纸。

展开剂：正丁醇:醋酸:水（4:1:5 上层）。

展开方式：预饱和后，上行展开。

显色：（1）自然光、UV 光下观察。（2）喷洒 1%AlCl₃醇溶液后，在自然光、UV 光下观察（见图 4-1-5）。

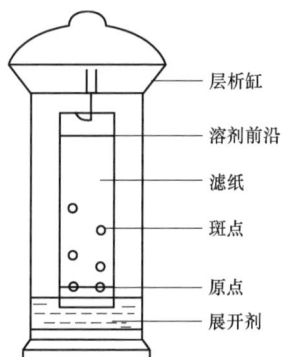

图 4-1-5　纸色谱鉴定

（层析缸、溶剂前沿、滤纸、斑点、原点、展开剂）

（五）注意事项

（1）碱度不宜过高，pH 一般为 8～9，以免加热破坏黄酮母核。

（2）酸化时酸性也不宜过强（pH 一般为 4～5），以免生成盐，致使析出的黄酮类化合物需要重新溶解，而降低产品收率；或苷类发生酸解；或溶出杂质较多，影响产品质量。

（3）加热时间不宜过长、加热强度不宜过大。

（4）当分子中有邻二酚羟基时，须加硼酸保护。

第二节　丹皮酚、菠菜色素、多糖的提取

一、从牡丹皮中提取丹皮酚

（一）实验目的

（1）学习用水蒸气蒸馏法从牡丹皮中提取丹皮酚的方法，及其定性鉴

别方法。

（2）巩固挥发油的一般提取和鉴别方法。

（二）实验原理

牡丹皮为毛茛科植物牡丹的干燥根皮，在临床上具有清热凉血、活血化瘀等疗效，对于治疗夜热早凉、肿痛疮毒、跌打损伤等症状具有一定的疗效。牡丹皮中主要含有丹皮酚、丹皮苷、芍药苷等，其中以丹皮酚为主要药效成分。

丹皮酚为白色针状晶体，微溶于水，易溶于乙醇、乙醚、丙酮、氯仿等有机溶剂。丹皮酚的提取方法主要有醇提法、水蒸气蒸馏法、CO_2 超临界流体萃取法等。其中水蒸气蒸馏法操作最简单、成本较低，因为丹皮酚具有挥发性，可随水蒸气蒸馏，又因其在冷水中难溶，故放冷后析出晶体。

（三）实验仪器、试剂

1. 实验仪器

圆底烧瓶、安全管、导管、直形冷凝管、蒸馏头、尾接管、锥形瓶、球形冷凝管、挥发油测定器、量筒、电热套、电子秤、薄层板、层析缸、滤纸、毛细管、紫外灯。

2. 实验试剂

牡丹皮、95%乙醇、氯化钠、三氯化铁、浓硝酸、环己烷、乙酸乙酯。

（四）实验步骤

1. 丹皮酚的提取

（1）水蒸气蒸馏法

取牡丹皮 30 g，粉碎，置于 500 mL 圆底烧瓶中，加 300 mL 水，加 2 mL

乙醇和 8 g 氯化钠，浸润 20 min，用水蒸气蒸馏，收集蒸馏液约 250 mL，将蒸馏液放冷，有白色针状晶体析出，抽滤晶体，将其干燥。如晶体不纯，可加入 95%乙醇至全部溶解（约为粗晶的 15 倍），抽滤，滤液中加入 4 倍量的蒸馏水，使溶液呈乳白色，静置后则有大量白色针状晶体析出。若在制取过程中得不到白色晶体，只有油珠状物质沉出，可在蒸馏液中加入少量晶种，摩擦瓶壁后，即有较大量的丹皮酚晶体析出。也可用乙醚萃取蒸馏液几次，混合萃取液后，加无水硫酸钠脱水，回收乙醚至少量，放置析晶，抽滤，晶体用少量水洗 2～3 次，之后将其干燥。

（2）醇提法

取牡丹皮原料 20 g，粉碎后为乳白色粉末，置于 250 mL 圆底烧瓶中，加 100 mL 水、2 mL 乙醇和 8 g 氯化钠，振摇混合后浸润 20 min，连接挥发油提取器并加注冷凝水，自冷凝管上端加水使其充满测定器的刻度部分，并溢出流入烧瓶时为止。水浴回流，烧瓶中为棕黄色固液混合物，颜色逐渐加深，上层漂有悬浮颗粒。第一次会有挥发油馏出，此时应加水压并回烧瓶重新蒸馏（见图 4-2-1）。

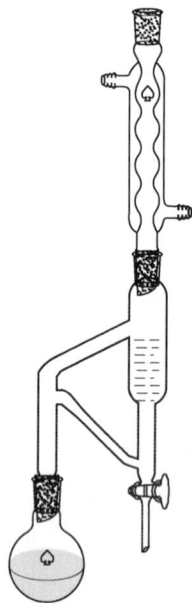

图 4-2-1　挥发油提取装置

2. 丹皮酚的鉴定

（1）升华法：取微量产品粉末升华，在显微镜下观察升华物，可见长柱形或针状及羽状簇晶，于晶体上滴加三氯化铁纯溶液，观察现象及颜色变化。

（2）三氯化铁显色反应法：取晶体少许，加 5%三氯化铁溶液，观察颜色变化。

（3）浓硝酸显色反应法：取晶体少许，滴加浓硝酸数滴，呈红棕色。

（4）薄层色谱鉴定。

吸附剂：硅胶 GF254 薄层板。

样品：样品的乙醇溶液，丹皮酚对照品乙醇溶液。

展开剂：环己烷-乙酸乙酯（3:1）。

点样：用毛细管取少许样品，用甲醇溶液润湿点样。

显色：喷 5%三氯化铁乙醇溶液或盐酸酸化的 5%三氯化铁乙醇溶液，观察颜色变化，荧光下观察吸光情况。

（五）注意事项

（1）牡丹皮因产地、采收季节的不同，丹皮酚含量差异较大，春秋季节采收含量高，其中以四川产的含量较高，实验时可以根据含量加减提取的药材量。

（2）加入氯化钠可明显提高蒸馏速度，缩短提取时间。

（3）产品应在干燥、密闭、避光条件下保存。

二、从菠菜中提取菠菜色素

（一）实验目的

（1）学习菠菜叶中色素提取的原理和提取方法。

（2）巩固柱色谱分离的基本原理和操作，以及液-液萃取的基本操作技术。

（3）进一步了解天然物质提取方法，及叶绿素、胡萝卜素、叶黄素的极性大小。

（二）实验原理

叶绿素（绿）、胡萝卜素（橙）和叶黄素（黄）等多种天然色素普遍存在于菠菜等绿色植物中。

叶绿素 a（$C_{55}H_{72}O_5N_4Mg$）和叶绿素 b（$C_{55}H_{70}O_6N_4Mg$）是叶绿素存在的两种结构相似的形式，两者都是吡咯衍生物与金属镁的配合物，将叶绿素 a 中的一个甲基取代为甲酰基就是叶绿素 b。固体状态下叶绿素 a 呈蓝黑色，其乙醇溶液呈蓝绿色，而固体叶绿素 b 为暗绿色，其乙醇溶液呈黄绿色。叶绿素是植物进行光合作用所必需的催化剂，通常植物中叶绿素 a 的含量是叶绿素 b 的 3 倍。尽管叶绿素分子中含有一些极性基团，但大的烃基结构使它易溶于醚、石油醚等一些非极性的溶剂。其结构如下：

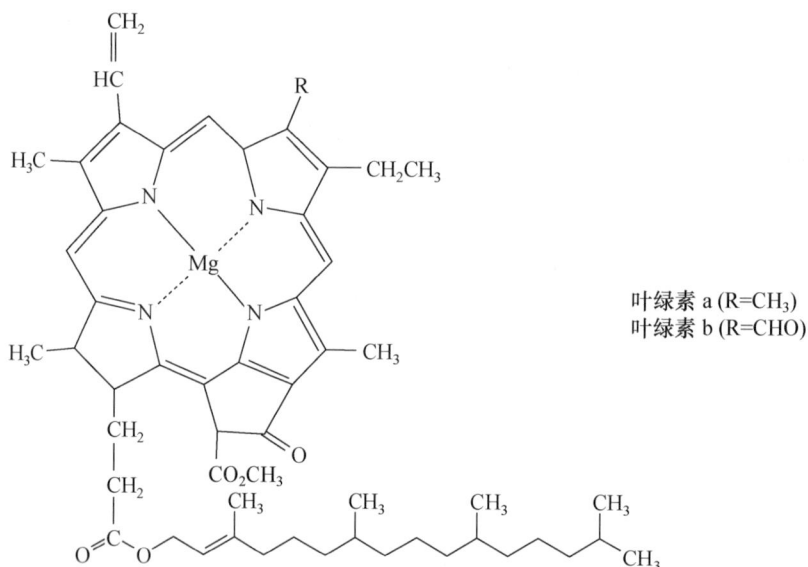

叶绿素 a (R=CH₃)
叶绿素 b (R=CHO)

胡萝卜素（$C_{40}H_{56}$）是一种橙色色素，属于四萜类化合物，是具有长链结构的共轭多烯。它有三种异构体，即 α-、β-和 γ-胡萝卜素，其中 β-胡萝卜素含量最多，也最重要。在生物体内，β-胡萝卜素在酶的催化下可氧化生成维生素 A，因此 β-胡萝卜素亦可作为维生素 A 使用。目前，β-胡萝卜素已可进行工业生产，也可作为食品工业中的胡萝卜素色素。

叶黄素（$C_{40}H_{56}O_2$）与叶绿素同存于植物体内，是一种黄色色素，可以看作是胡萝卜素的羟基衍生物，在绿叶中其含量通常是胡萝卜素的两倍。与胡萝卜素相比，叶黄素较易溶于醇等极性溶剂，而在石油醚等非极性溶剂中溶解度较小。秋天，高等植物的叶绿素被破坏后，叶黄素的颜色就会被显示出来。其结构如下：

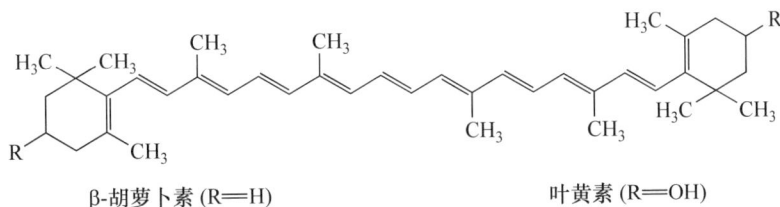

β-胡萝卜素 (R＝H)　　　　　　　　　　　　　叶黄素 (R＝OH)

本实验中，利用相似相溶原理，以石油醚和乙醇的混合液为提取剂，从菠菜叶中提取上述各种色素，并用柱色谱法进行分离。

（三）实验仪器、试剂

1. 实验仪器

圆底烧瓶、研钵、球形冷凝管、分液漏斗、锥形瓶、色谱柱、量筒、电子天平。

2. 实验试剂

菠菜叶、95%乙醇、石油醚、无水硫酸钠、丙酮、硅胶。

（四）实验步骤

1. 菠菜色素的提取

称取 3 g 新鲜的菠菜叶，在研钵中将其捣烂，用 18 mL 体积比为 2:1 的石油醚-乙醇混合液分数次浸提。混合浸提液，过滤除去浸提液中的少量固体。接着将滤液转移至分液漏斗中，加等体积的蒸馏水洗涤一次，弃去下层水-乙醇液后再用等体积的蒸馏水洗涤两次，石油醚层用无水硫酸钠干燥后转移到锥形瓶中保存，留作色谱分离色素。

2. 菠菜色素的分离

取一支洁净干燥的色谱柱，用 6 g 硅胶进行干法装柱，将此色谱柱固定在铁架台上，打开色谱柱下端的活塞，从色谱柱口沿管壁小心加入 16 mL 石油醚，使石油醚能完全将整个色谱柱中的硅胶浸润，当柱顶（石英砂表面）尚有约 1 mL 石油醚时，关闭活塞。之后加入预先准备好的菠菜浓缩液 1～2 mL。待色素全部进入柱体后，先用体积比为 9:1 的石油醚-丙酮混合液进行洗脱，当开始有橙黄色色带流出时，立即用接收瓶接收，此即为胡萝卜素溶液。当橙黄色色带流完时，接着用 7:3 的石油醚-丙酮混合液进行洗脱，当绿色色带流出时换接收瓶接收，即为叶绿素溶液。最后用石油醚-丙酮（6:4）混合液进行洗脱，流出的黄色色带即为叶黄素。

（五）注意事项

（1）菠菜叶研磨适当即可，不可研磨太烂成糊状，否则会造成分离困难。

（2）水洗的目的是除去有机相中少量的乙醇和其他水溶性物质。洗涤时要轻轻振荡，以防产生乳化现象。

（3）为了保持吸附柱的均一性，应该使整个吸附剂浸泡在溶剂或溶液中，即从第一次注入乙醚起直至实验完毕，绝不能让柱内液体的液体降至砂层之下。否则当柱中溶剂或溶液流干时，会使柱身干裂。若再重新加入溶剂，会使吸附柱的各部分不均匀而影响分离效果。

（4）叶黄素易溶于醇，在石油醚中溶解度较小，所以从嫩绿菠菜叶得到的提取液中，叶黄素含量很少，柱色谱中不易分出黄色色带。

三、从枸杞中提取粗枸杞多糖

（一）实验目的

（1）通过实验学习提取多糖的原理和方法。

（2）巩固多糖物质的常规纯化方法及原理，并了解多糖的结构、分类及生物活性。

（二）实验原理

多糖是一类广泛存在于植物、动物及微生物等有机体中的天然产物。近几十年来，由于其在临床和食品等领域的广泛应用，多糖的提取成为研究热点，引起了人们的广泛关注。

多糖按其来源可分为三类：动物多糖、植物多糖和微生物多糖。其中从植物中提取的多糖较为重要，主要有淀粉、纤维素、半纤维素、果聚糖、树胶、黏液质、其他葡聚糖等。多糖的结构可以细分为一级、二级、三级和四级结构。

多糖的提取一般应根据所提取的多糖的存在形式和存在部位决定选择提取方法和是否做相应的预处理。植物多糖在提取前应先用低极性的有机溶剂对原料进行脱脂预处理，常见的多糖提取方法有溶剂提取法、酸提取法、碱提取法、酶提取法、超滤法、微波提取法等。各种方法在提取的效率和纯度等方面各有优势，应根据具体的多糖选择合适的提取方法。

枸杞属茄科植物，主要产于宁夏、甘肃、青海、陕西等地，是我国中药宝库中的瑰宝之一。枸杞广泛应用于临床，主治肝肾阴亏、头晕目眩、腰膝酸软等症状。枸杞又作为"药食同源"的植物性平补保健食品，广泛用于泡酒、泡茶、煮粥等。大量研究表明枸杞中最具有提取利用价值的是枸杞多糖。枸杞多糖为枸杞的主要功能活性成分，天然无副作用，具有增强记忆力、防止遗传损伤、抗氧化、抗肿瘤、抗癌、减肥、降血脂、降血糖、耐缺氧、防辐射等作用。

枸杞富含多糖，其多糖为白色或灰白色絮状、疏松纤维晶体。枸杞多糖极易吸潮，吸潮后颜色为淡黄色，呈块状。枸杞多糖可溶于水，并且在水中的溶解度非常好，也可溶于稀碱溶液，不溶于乙醇、丙酮等有机溶剂。其水溶液的紫外最大吸收峰位于 550～560 nm 处。

本实验采用溶剂提取法从枸杞中提取粗枸杞多糖。

（三）实验仪器、试剂

1. 实验仪器

圆底烧瓶、球形冷凝管、分液漏斗、锥形瓶、布氏漏斗、抽滤瓶、抽滤垫、滤纸、量筒、电子天平、电热套。

2. 实验试剂

枸杞、三氯甲烷、甲醇、95%乙醇、无水乙醇、丙酮、无水乙醚、双氧水、正丁醇。

（四）实验步骤

1. 粗枸杞多糖的提取

称取 25 g 枸杞，干燥粉碎后，在三氯甲烷和甲醇混合液中回流 8 h，过滤。待滤饼中的有机溶剂挥发干净后加入 300 mL 蒸馏水，在 90 ℃中浸提 2 h，过滤，得提取液。然后按照相同的操作，分别用 250 mL 和 200 mL

蒸馏水浸提。之后混合滤液，将滤液于 80 ℃水浴中搅拌浓缩至 50 mL。在搅拌状态下，将 200 mL 95%乙醇加入浓缩液中，室温静置 2 h 左右，可酌情将静置时间延长。之后抽滤，依次用无水乙醇、丙酮、无水乙醚洗涤，双氧水处理，真空干燥即得粗枸杞多糖。

2. Sevag 法脱蛋白

取所得到的粗枸杞多糖，加蒸馏水使之完全溶解。在枸杞多糖水溶液中加入三氯甲烷，其体积约为枸杞多糖水溶液体积的 20%。再加入体积为三氯甲烷体积的 1/4 的正丁醇，剧烈振摇 20～30 min，使其充分混匀，此时蛋白质发生变性生成凝胶，经 1 000 r/min 离心，倾出上层清液，除去中间层变性蛋白和下层三氯甲烷，重复以上操作直至中间层无变性蛋白，即可得到脱蛋白多糖。

（五）注意事项

（1）本实验加入三氯甲烷-甲醇的用途为脱脂。

（2）双氧水处理主要起脱色作用。

（3）该方法设备简单，易操作，但容易把蛋白质等成分也浸提出来，给后续分离带来一定困难。

第三节　番茄红素和 β-胡萝卜素的提取

一、实验目的

（1）通过实验学会从植物中提取分离番茄红素和 β-胡萝卜素的方法。

（2）进一步巩固柱色谱和薄层色谱的操作。

二、实验原理

类胡萝卜素是一类天然色素，广泛分布于植物、动物和海洋生物中。番茄红素和 β-胡萝卜素均属于类胡萝卜素。研究表明，番茄红素和 β-胡萝卜素具有增强免疫功能、抗氧化、抗癌和预防心血管疾病等作用。其结构式如下：

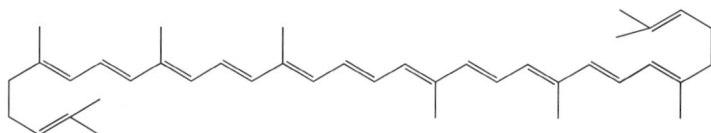

番茄红素

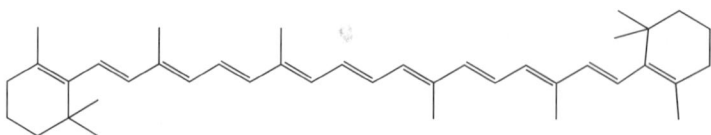

β-胡萝卜素

番茄红素和 β-胡萝卜素皆为共轭多烯类化合物，不溶于水，难溶于甲醇等极性溶剂，可溶于二氯甲烷、乙醚、石油醚等低极性有机溶剂。对热、酸、碱反应比较稳定，但在紫外线和氧下可发生反应。因此，一般常用低极性的有机溶剂如二氯甲烷或石油醚将它们从番茄中提取出来。番茄红素和 β-胡萝卜素在极性上略有差别，可利用柱层析技术分离番茄红素和 β-胡萝卜素。在完成分离后，采用薄层层析方法并与标准品进行 R_f 值比较，初步定性鉴别产物。

三、实验仪器、试剂

（一）实验仪器

圆底烧瓶、球形冷凝管、量筒、布氏漏斗、抽滤瓶、抽滤垫、分液漏斗、层析柱、烧杯、锥形瓶、电热套、电子秤、薄层板、层析缸、滤纸、毛细管、薄层扫描仪。

（二）实验试剂

番茄酱、95%乙醇、二氯甲烷、饱和氯化钠、无水硫酸钠、氧化铝、石油醚、丙酮、环己烷、苯。

四、实验步骤

（一）番茄红素和β-胡萝卜素的提取

在 100 mL 圆底烧瓶中加入 8 g 番茄酱和 20 mL 95%乙醇，加热回流 5～10 min，冷却后减压过滤，滤液保存于 250 mL 锥形瓶中。将固体残渣连同滤纸放回圆底烧瓶中，加入 20 mL 二氯甲烷回流提取两次，每次回流 5～8 min，抽滤。将所有提取液混合，倒入分液漏斗中，加入 15 mL 饱和氯化钠溶液萃取。静置分层后，除去上层萃取液，下层二氯甲烷溶液经颈部塞有疏松棉塞、上面铺一层 1 cm 厚的无水硫酸钠的漏斗缓慢放出，滤液浓缩后备用。

（二）番茄红素和β-胡萝卜素的分离

取一根直径为 1.5 cm，长为 15 cm 的洁净干燥色谱柱固定在铁架台上，

171

柱下端放一小团脱脂棉并压紧。然后经漏斗慢慢加入氧化铝，并轻轻敲打柱身使吸附剂装得紧密均匀，至柱内氧化铝高度约 8 cm，停止加入氧化铝，并使氧化铝表面平整（见图 4-3-1）。

将番茄提取液 1～2 mL 放入一小烧杯中，加入 1 g 氧化铝，拌匀后在水浴上挥去溶剂（要不断搅拌，防止氧化铝从烧杯中溅出）。小心将拌有样品的氧化铝从柱上端加入，并用滤纸盖上。用滴管加少量石油醚于柱上，待氧化铝表面上的石油醚快流完时，加入大

图 4-3-1　柱色谱装置

量石油醚进行洗脱。黄色的 β-胡萝卜素很快在柱中向下移动，但红色的番茄红素移动较慢。待 β-胡萝卜素全部被洗出后，更换 8:2 的石油醚-丙酮混合液作为洗脱剂进行洗脱，并收集洗脱出来的红色的番茄红素，将其备用。

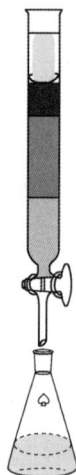

（三）番茄红素和 β-胡萝卜素的鉴定

取硅胶 G 板两块，在板的一端距边缘 1.5 cm 处分别点上番茄红素、β-胡萝卜素以及番茄红素和 β-胡萝卜素的混合液（未经柱色谱的番茄提取液）三个样点，点样间距 2 cm。分别放入盛有展开剂环己烷或环己烷:苯（9:1）的层析缸中展开。当溶剂前沿距基线 8～10 cm 时，停止展开，取出薄层板，画出溶剂前沿，在紫外灯下观察荧光，计算番茄红素和 β-胡萝卜素的 R_f 值。

精确称取番茄红素和 β-胡萝卜素标准品各 1 mg，分别置于 2 个 1 mL 的容量瓶中，加入二氯甲烷溶解后稀释至刻度线配成标准溶液。将番茄红素和 β-胡萝卜素混合液（番茄红素提取液）与两种标准溶液同时点在同一标准硅胶 G 板上，点样量为 5 μL，用展开剂环己烷或环己烷:苯（9:1）

展开，方法同上。展开后取出晾干，在紫外灯（参考波长为 350 nm）照射下直线形扫描，其中狭缝宽为 0.5 mm，扫描速度为 20 nm/min，线性参数为 3。

分别计算各斑点面积的积分值，按下述公式计算样品质量：

$$样品质量 = \frac{样品峰面积}{标准品峰面积} \times 标准品质量$$

五、粗产物纯化原理及注意事项

（一）柱色谱

柱色谱通常用于分离混合物和提纯化合物，按其分离原理的不同，可分为分配柱色谱、吸附柱色谱、离子交换柱色谱、排阻柱色谱等。实验室常用的是吸附柱色谱，利用混合物中各组分在固定相中吸附能力和在流动相中的解吸能力不同而进行分离。

常用的吸附剂有硅胶、氧化铝、氧化镁、碳酸钙、活性炭、淀粉和糖等。硅胶可用于烃、醇、酮、酯、酸和偶氮化合物的分离，应用较为广泛。淀粉和糖可用于对酸碱作用较敏感的多官能团化合物的分离。

（二）注意事项

（1）由于二氯甲烷或石油醚均与水不混溶，故在提取时需先将番茄酱用乙醇脱水，以便更有效地将番茄红素和 β-胡萝卜素提取出来。

（2）应使混合物缓慢沸腾，防止乙醇大量减少。

（3）二氯甲烷的沸点低，回流时控制温度缓慢回流，防止溶剂挥发。

（4）无水硫酸钠为干燥剂，主要是除去萃取液中的水分。

第四节　氨基酸的纸色谱分离、设计性提取实验

一、氨基酸的纸色谱分离

（一）实验目的

（1）学习纸色谱法分离氨基酸的操作。

（2）巩固纸色谱分离的原理及方法。

（二）实验原理

纸色谱，又称纸层析，属于一种分配色谱。它的分离作用不是利用滤纸的吸附作用，而是以滤纸作为惰性载体，以吸附在滤纸上的水或有机溶剂作为固定相，以水饱和过的有机溶剂（展开剂）为流动相，利用样品中化合物极性的差异、在两相的溶解度不同，即样品中各组分在两相中分配系数的不同达到分离的目的。由于分配系数不同，待分离成分在纸上的迁移速率不同。在相同的实验条件下，将不同的氨基酸进行纸上层析，它们的比移值（R_f 值）是不相同的，借此可将各个氨基酸予以分离。

某种化合物在层析纸上上升的高度与展开剂上升高度的比值称为该化合物的比移值，常用 R_f 来表示：

$$R_f = \frac{样品中某组分移动离开原点的距离}{展开剂前沿距原点中心的距离}$$

对于一种化合物，当展开条件相同时，R_f 值是一个常数。因此，可用 R_f 值作为定性分析的依据。但是，影响 R_f 值的因素较多，如展开剂、吸附剂、层析纸的厚度、温度等，要做到条件完全相同是比较困难的，因此同

一化合物的 R_f 值与文献值会相差很大。在实验中我们常采用参照实验来进行比对，即在一张纸上同时点一个已知物和一个未知物，进行展开，通过计算 R_f 值来确定是否为同一化合物。

纸色谱主要用于糖、氨基酸等极性较大的化合物和多官能团化合物的分离。本实验中，采用纸色谱对氨基酸中的各组分进行分离。

（三）实验仪器、试剂

1. 实验仪器

圆底烧瓶、研钵、球形冷凝管、分液漏斗、锥形瓶、色谱柱、量筒、电子天平、滤纸。

2. 实验试剂

丙氨酸、赖氨酸、正丁醇、甲酸、茚三酮溶液。

（四）实验步骤

1. 点样

选用国产 1 号滤纸，将其裁成 4.5 cm×15 cm 的长方形，在距滤纸一端 2 cm 处用铅笔画一直线为起始线，在滤纸的另一端 1~2 cm 处用铅笔画线为前沿线。在起始线上每隔 2~3 cm，用铅笔记下"×"号，再用毛细管将丙氨酸和赖氨酸的混合样品点于"×"号的中心处，同时用铅笔在滤纸的背面注明样品名称，注意样品点的最大直径不超过 0.5 cm。

2. 展开

待样品点上的溶剂挥发后，将滤纸起始线一端放入展开剂内进行展开，使展开剂在起始线下至少 1 cm 处，溶剂即由于毛细管作用沿滤纸流动，样品也随溶剂前进而展开。展开剂为酸性溶剂系统，V（正丁醇）:V（甲酸）:V（水）= 15:3:2。

3. 显色

当展开剂上升到距上端 1/3 处时，取出滤纸，用铅笔记下溶剂前沿位置，再用电吹风吹干或在室温下晾干。将茚三酮溶液均匀地喷到滤纸上，放入烘箱中在 80 ℃下烘干，即显出各氨基酸的色斑。

4. 计算 R_f 值

用铅笔标记各色斑的中心，计算各氨基酸的 R_f 值，确定混合氨基酸中的各个成分。

（五）注意事项

（1）钢笔中的墨水会随着展开剂的变化而移动，墨水中的成分可能与氨基酸发生化学反应，因此必须用铅笔。

（2）点样多时，展开时会出现拖尾；点样少时，显色不明显。

（3）喷显色剂时，使层析纸润湿即可，切勿流淌。

二、设计性提取实验

天然有机化合物设计性提取实验的实验流程与有机化合物制备实验流程相似，目的是使学生通过对知识的归纳总结和资料的查阅，学会思考问题、分析解决问题，并进一步提高实践能力和探索能力。通过实验培养学生综合运用知识的能力和科研思维，使学生能系统地完成整个实验方案的设计、实验操作、实验数据的处理等过程，并能通过团队协作完成整个实验，为后期课程打下坚实的基础。

（一）实验题目

（1）从枇杷叶/马齿苋/枣叶中提取总黄酮的工艺研究。

（2）从枇杷叶/马齿苋/枣叶中提取多糖的工艺研究。

（二）常用提取方法

1. 多糖的常用提取方法

水浸提法、微波辅助法、超声波法、索氏提取法。

2. 黄酮的常用提取方法

回流法、微波辅助法、超声波法。

（三）提取工艺流程

1. 多糖提取工艺流程

马齿苋干品→粉碎→提取→分离→浓缩→沉淀→离心分离→干燥→马齿苋粗多糖→溶解定容→测吸光度→计算多糖含量。

2. 黄酮提取工艺流程

马齿苋干品→粉碎→提取→分离→浓缩→定容→测吸光度→计算黄酮含量。

（四）提取成分含量测定

1. 多糖含量测定

马齿苋粗多糖→加入一定量的水溶解，定容→采用苯酚-硫酸法显色→测吸光度→计算含量。

2. 黄酮含量测定

浓缩液定容→加入显色剂（$NaNO_2$-$AlCl_3$-$NaOH$）→测吸光度→计算含量。

（五）实验前的准备工作

（1）分组：3～4人一组（学习委员分好组，定一个组长）。

（2）各组讨论选定题目，组长带领组员根据题目查阅相关的文献资料；每位同学认真阅读 2～3 篇文献；组长组织组员讨论，选择出最佳的提取方法。

（3）讨论制订详细的实验步骤，包括用到的仪器、试剂的浓度及用量、最佳反应时间、最佳反应温度等。

（4）写出详细的设计方案（打印纸质版），交给各大组的指导老师，并和老师讨论商量最后的实验方案。

各组根据实验方案进行实验，认真做好实验记录。

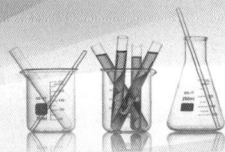

第五章
应用新技术的有机化学实验

通过应用新技术，有机化学实验的效率和精度得以大幅提升。本章为应用新技术的有机化学实验，主要介绍了三个方面的内容，分别是微波辐射法有机实验、超声波辐射法有机实验、电解法有机实验。

第一节　微波辐射法有机实验

微波辐射法[①]是一种应用微波能源来加热的技术，它利用微波的辐射作用使介质内部吸收能量，从而达到加热或干燥的目的。

微波辐射法的原理是利用介质对微波的吸收性能，通过调节微波器的功率和频率，使微波能量能够迅速传递到物料内部被物料吸收并转化为热能。微波辐射能量主要通过分子的根本振动和分子之间的相互摩擦转变为热能，从而实现加热或干燥的目的。由于微波能量能够直接传递到物料内部，因此与传统的热传导方式相比，微波辐射法具有快速、均匀、节能等优点。

---

① 尚雪亚，程昊. 有机化学实验［M］. 武汉：华中科技大学出版社，2020.

一、微波辐射法制备查尔酮

（一）实验目的

（1）了解利用微波辐射促进有机化合物合成的原理和方法。

（2）学习利用微波辐射法制备查尔酮的方法。

（3）学习微波反应器的操作技能。

（二）实验原理

微波是频率在 300 MHz～300 GHz，波长在 1～1 000 mm 范围内的电磁波。微波除了在无线电通信领域应用之外，日常家庭使用最多的就是加热。在化学合成中，微波技术直到 20 世纪 80 年代初期才开始使用，研究发现在微波辐射条件下进行酯化、水解、氧化等反应，反应速度都得到了不同程度的加快。

现在微波技术在有机合成反应领域应用范围更广了，反应速度与常规方法相比，有的能加快数倍、数十倍，甚至成百上千倍。对于微波辐射能够加快反应速度的机理，目前存在着两种观点。

一种观点认为：虽然微波是一种内加热，具有加热速度快、加热均匀、无梯度、无滞后效应等特点，但微波应用于化学反应仅仅是一种加热方式，与传统加热反应并无区别。他们认为，微波对化学反应的加速主要归结为对极性有机物的选择加热，即微波的致热效应。

另一种观点则认为：微波对化学反应的作用，一是使反应物分子运动剧烈，温度升高；二是微波场对离子和极性分子的洛伦兹力作用，使得这些粒子之间的相对运动具有特殊性，且与微波的频率、温度及调制方式密切相关，因而微波加速化学反应的机理非常复杂，存在致热和非致热两重效应。有研究工作者通过对乙酸甲酯的水解动力学的研究，发现微波能降低该反应的活化能，加快水解反应速度。

总的来说，利用微波辐射促进有机化学反应具有清洁、高效、节能、污染少等特点，为有机合成开辟了一个新的领域。

查尔酮的合成，属于交叉羟醛缩合反应，在微波辐射促进下，反应时间大幅缩短，收率显著提高。

（三）实验步骤

将 2.2 g 氢氧化钠溶解在 10 mL 水中，冷却后倒入 100 mL 三口烧瓶中，加入 20 mL 乙醇摇匀，再加入 4.2 mL 苯乙酮，安装微波搅拌装置，用冰浴冷却。在滴液漏斗中倒入 4.0 mL 苯甲醛与 10 mL 乙醇的混合溶液，开启搅拌。

微波合成仪的反应参数设置：在开门状态下，设置预定方案（程序）。

1. 按"预置"键

当"工步"为"1"时，根据光标的闪动依次设定反应温度为 30 ℃（按 0、3、0）、反应时间为 15 min（按 0、1、5）、微波功率为 200 W（按 2，在功率表处有功率大小的显示）。

2. 按"确定"键两次

仪器上会显示刚才设置的数据，检查所设置的数据正确后，再按一次"确定"键，当"方案"处的光标闪动时（约需几秒钟），关闭，按"运行"键，微波合成仪开始运行。

以 1 滴/s 的速度滴加苯甲醛的乙醇溶液，反应结束后，按"停止"键，打开微波合成仪的门，取出反应烧瓶，减压抽滤，尽量抽干母液，用水洗涤滤饼至滤液为中性，取出产物放在干净的表面皿上晾干，即可得到淡黄色的固体查尔酮。

（四）操作过程指导

（1）微波反应仪器早年都是进口的，现在国产微波反应仪器也渐渐多了起来，但是型号和功能五花八门、不一而足。如有的带搅拌功能，有的不带搅拌功能；有的可以安装加料和冷凝装置，有的不可以；有的带功率调节，有的不带。但基本上都带有"程序设定"功能，对许多反应来说，只要仪器能够设定"温度"和"时间"，就可以选用该仪器。当然，功能越多，仪器越好用。

（2）微波泄漏会对健康造成伤害，因此使用者要规范操作，做好防护。

二、微波辐射法合成淀粉接枝丙烯酸吸水性树脂实验

（一）实验目的

（1）学习利用微波辐射法合成淀粉接枝丙烯酸吸水性树脂的原理和方法。

（2）学习微波反应器的操作技能。

（二）实验原理

微波加热技术由于加热均匀、热效率高、有选择性、无滞后效应、可以避免环境升温等优点，具有传统的外加热无法比拟的优越性。在高聚物合成及其加工过程中，采用微波加热技术可以解决反应器局部过热及黏附器壁的问题，大大提高聚合转化率。

吸水性树脂是一种含有亲水性基团，带有一定交联度的功能高分子材料，具有吸水率高、保水性好、能增稠等特点，目前已广泛应用于农业、工业、建筑、医药、食品等领域。

淀粉接枝丙烯酸合成高吸水性树脂，由于淀粉具有资源丰富、价格低廉、再生性强、产物可自行分解进入良性的生态循环而减轻环境污染等优势。因此，其具有广泛的应用前景。

淀粉接枝吸水性树脂按其接枝共聚原理，可分为离子型接枝共聚和自由基型接枝共聚，目前多采用自由基型接枝共聚。通过自由基引发剂，先在淀粉大分子上产生初自由基，然后引发接枝单体进行接枝共聚，使接枝单体以一定的聚合度接枝到淀粉分子上，从而在淀粉的分子链上引入高聚物分子链。

由于丙烯酸单体的反应活性比其钠盐大，直接进行接枝共聚反应难以控制，从而产生均聚物，而不是接枝产物。为了便于控制，需要中和部分丙烯酸，使之形成丙烯酸-丙烯酸钠盐混合单体，这样可以使单体的平均活性降低，减少均聚反应，提高接枝率和接枝效率。一般中和度为80%时，效果最好。

传统的淀粉接枝丙烯酸吸水树脂的制备工艺较复杂、生产周期长、成本较高。采用微波法不仅反应时间短、耗能少，还能提高反应速度和产物的吸水能力。

（三）实验步骤

1. 淀粉糊化

在 250 mL 烧杯中加入 10 mL 蒸馏水，再加入 5 g 淀粉（玉米淀粉或红薯淀粉均可），将其搅拌下温热到 60 ℃ 糊化，之后冷却至室温。

2. 中和丙烯酸

在 100 mL 锥形瓶中加入 20 mL 丙烯酸，在冰水浴冷却下，慢慢加入 23 mL 25% 的 NaOH 溶液（中和度为 63%），冷却至室温，将其加入上述糊化的淀粉糊中，搅拌至完全分散，没有颗粒。

3. 加引发剂

在 50 mL 的小烧杯中,加入 5 mL 蒸馏水,再加入 0.1 g 过硫酸铵,摇动至完全溶解,将其加入上述混合液中,搅拌均匀,加入搅拌磁子,准备微波反应。

4. 微波反应

(1)通电:将微波反应器插上电源,打开电源和风机开关,电源指示灯和风机指示灯点亮。将盛有样品的烧杯放入正中间,插入热电偶,开启磁力搅拌器,调节转速使溶液稳定旋转。

(2)设定:长按设定键 2 s,进入设定状态。通过左移和右移键选择需要修改的参数;通过增加或减少键修改所选参数的值。本实验要求:第一段:50 ℃、100 s、4 挡;第二段 60 ℃、100 s、4 挡;第三段 70 ℃、100 s、4 挡;其他段时间为 0。设定完后,再长按设定键返回到正常显示状态。

(3)运行:点击启动键,反应器开始运行。"当前状态"为"正在运行……"。测量温度和输出功率开始变化,"运行时间"开始计时。如果反应温度超过设定温度,蜂鸣器会报警,"当前状态"为"超温报警"。这时点击左移或右移键,可使蜂鸣器消音。当三段运行完后,反应器停止工作,"当前状态"为"停止运行"。蜂鸣器鸣叫 30 s,点击左移或右移键可使蜂鸣器消音。

(4)结束:打开反应器门,稍冷却后,取出烧杯和聚合物。用湿毛巾擦洗干净热电偶,在开门状态下,让风机把废气吹跑,再关闭反应器门和电源开关。

5. 烘干

即时将聚合物取出,放在培养皿中,在烘箱中(70 ℃)烘至不粘手后,用剪刀剪成小颗粒，再在烘箱中（70 ℃）烘干至恒重，之后取少量聚合物粉碎用于测吸水率。

6. 测吸水率

在 250 mL 烧杯中加入 200 mL 蒸馏水，称取 0.2 g 树脂在搅拌下均匀地分散到水中，注意不能有大的胶体颗粒出现。待其吸水至全透明的凝胶状（需 3～4 h），用 100 目的筛网滤去未吸收的水，称重，计算其吸水率。

第二节　超声波辐射法有机实验

一、超声波辐射法制备 2-甲基-1-苯基-2-丙醇

（一）实验目的

（1）了解和掌握超声波辐射有机合成实验的原理和方法。
（2）学会利用超声波辐射合成 2-甲基-1-苯基-2-丙醇的方法。

（二）实验原理

关于超声波辐射促进有机反应的原理，一个普遍接受的观点是：空化现象可能是化学效应的关键，即在液体介质中微泡的形成和破裂会伴随能量的释放。空化现象所产生的瞬间会伴有强烈的振动波，产生短暂的高能环境（据计算在毫微秒的时间间隔内可达 2 000～3 000 ℃和几百个大气压）。这些能量可以用来打开化学键，促使反应的进行，同时也可通过声波的吸收、介质和容器的共振性质引起的二级效应，如乳化作用、宏观的

加热效应等来促进化学反应的进行。最突出的例子是有金属参与的反应。通常有金属参加的反应有两种情况：一是金属作为反应物在反应过程中被消耗掉；二是金属作为反应催化剂。不论哪种情况，通常都会因为金属表面污染而影响反应活性，因而在使用前都要预先清洗，如制备格氏试剂时用碘除去镁表面的氧化膜等。超声波的作用使得在有金属参加的反应中不再需预先清洗，另外也使得金属表面形成的产物和中间体得以及时"除去"，使得金属表面保持"洁净"，这比通常的机械搅拌要有效得多。多年来的研究表明，超声波作用产生如下优良的效果：加速反应或者可以较差的条件下进行；相比使用通常方法，能减少所要求的步骤；能利用较粗糙的试剂；引发反应或者缩短诱导期。

2-甲基-1-苯基-2-丙醇具有微甜、清香的药草花香味，有玫瑰等新鲜花香气息，广泛应用于日化和食用香精中。它的合成是以氯化苄为主要原料，将氯化苄与镁作用制得格氏试剂，然后与丙酮加成得复合物，再经水解得到原醇。在该化合物的合成工艺中采用乙醚作溶剂进行合成，但由于乙醚对格氏试剂与丙酮的加成复合物的溶解性较小，使反应物变得黏稠导致搅拌困难，同时氯化苄非常活泼，在乙醚溶液中使格氏试剂易发生偶联反应。因此，为了使反应容易进行，减少副反应偶联产物的生成，人们将溶剂更换为四氢呋喃，后又经研究更换为苯和四氢呋喃作溶剂。但无论在哪种反应中，其所用的溶剂都必须经无水处理，即反应所用溶剂都必须是绝对无水的，这样才能达到合成格氏试剂的要求。另外，实验中所用的苯有毒，而四氢呋喃价格较高，这都是该实验方案存在的不足。

根据超声波辐射作用的原理，本实验采用超声波辐射技术，利用市售的无水乙醚作溶剂合成苄基氯化镁格氏试剂，再与丙酮反应制备 2-甲基-1-苯基-2-丙醇，使反应的条件不再那么苛刻，产率能达到或超过文献值。

合成路线：

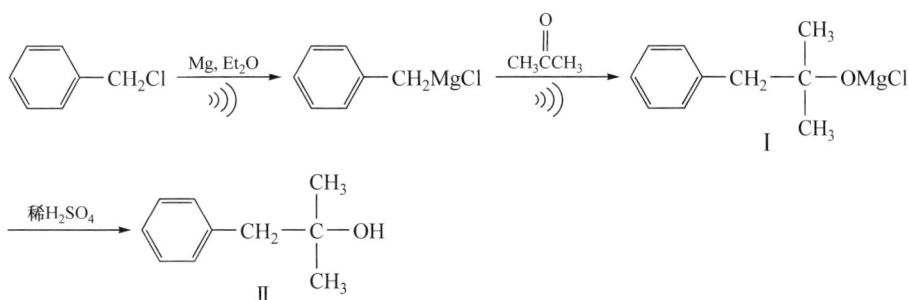

（三）实验步骤

将 250 mL 两口烧瓶安放在高功率数控超声波清洗槽中，清洗槽内加入水（5～8 cm 高），两口烧瓶上分别安装回流冷凝管和恒压滴液漏斗。两口烧瓶中加入 0.7 g（28.8 mmol）镁屑和 5 mL 无水乙醚（最好是新开瓶的），之后从恒压滴液漏斗滴入含 3.2 mL（27.5 mmol）氯化苄和 10 mL 无水乙醚的混合液约 1 mL。超声波辐射作用 1～2 min 后停止，向瓶内加入一小粒碘晶体，反应即被引发（若不反应，则可用温水浴温热），液体微微沸腾，碘的颜色逐渐消失。当反应缓慢时，开始滴加氯化苄和无水乙醚的混合液，并适当间歇式进行超声波辐射作用，滴加完混合液体后，再继续超声波辐射作用 5 min 左右，以使反应完全。这样得到了灰黑色的苄基氯化镁格氏试剂（如发现还有大量金属镁屑没反应完，可再继续进行超声波辐射作用，直到看不到大量金属镁屑为止）。向上述格氏试剂的反应液中缓慢滴加 2.0 mL（27.5 mmol）丙酮和 13 mL 无水乙醚的混合溶液，在此期间，不时地进行间歇式超声波辐射作用，并不时地补加无水乙醚溶剂。滴加完后，再继续超声波辐射作用 10 min 左右，直到看不到灰黑色的苄基氯化镁为止，以使反应完全。撤去超声波清洗器，并将反应瓶置于冰水浴中，在搅拌下，滴加 20% 的硫酸（约 25 mL）直到灰白色沉淀溶解，溶液变成澄清透明为止。此时加成物 I 分解成 2-甲基-1-苯基-2-丙醇（II）。将上述混合液分出醚层，用适量无水碳酸钾干燥 30 min，水浴蒸去溶剂乙醚，水泵减压蒸馏蒸去低沸点杂质，最后用油泵减压蒸馏，收集 94～96 ℃/10 mmHg 馏分，得无色或微带浅黄色的液体。熔点为 23～25 ℃，折光率 n_D^{20} 为 1.513～1.515。

（四）操作过程指导

（1）以上超声波辐射作用时，超声波清洗器中水温不得超过 25 ℃。如果水温达到 25 ℃，则应暂停超声波辐射作用，直到水温下降 2 ℃左右再开始，这也是实验步骤中要求间歇式超声波辐射作用的原因。

（2）本实验虽然有超声波辐射辅助，但还是要求无水操作，因此所有反应仪器和反应试剂都必须是无水的。

（3）因实验需要用到乙醚，因此实验过程中不能有明火出现。

（4）市面上所售的各型高功率数控超声波清洗槽都能满足实验要求。

二、超声波辐射法制备 4-硝基苯甲酸乙酯

（一）实验目的

（1）学习超声波辐射促进有机合成的基本原理。

（2）学习超声波辐射辅助有机合成的实验技术。

（二）实验原理

4-硝基苯甲酸乙酯是一种高效杀菌剂，可用于防止皮革制品霉变，也是生产苯佐卡因的中间体。通常，4-硝基苯甲酸乙酯的合成多采用浓硫酸催化法，但此方法副产物多且对设备腐蚀严重，废酸排放污染环境。采用超声波辐射法合成 4-硝基苯甲酸乙酯能有效地克服这些不足。由此可见，

以超声波辐射促进有机合成反应是一种简便、有效、安全、环保的绿色有机合成技术。

反应式：

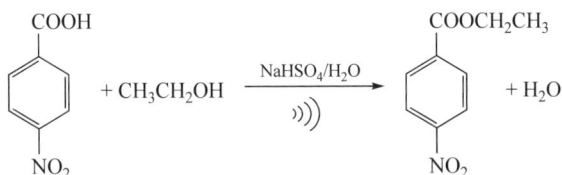

（三）实验步骤

在 50 mL 圆底烧瓶中加入 2 g 4-硝基苯甲酸、1 g 一水合硫酸氢钠和 10 mL 无水乙醇，然后在圆底烧瓶上配置回流冷凝管，并置于高功率数控超声波清洗槽中，使圆底烧瓶底部处于超声器正上方大约 3 cm 处，再向清洗槽内注入清水，使槽内水位略高于烧瓶内反应物液面。

加热升温至 60 ℃，调节超声波功率为 80 W，超声波辐射 1 h 关闭超声器，停止反应。取出圆底烧瓶，稍冷却后将溶液倒入烧杯中，加入少量水（约 5 mL），用 5%碳酸钠溶液调节 pH 至 7.5～8。充分冷却后过滤、水洗、干燥、称重、测熔点，并计算产率。4-硝基苯甲酸乙酯为淡黄色晶体，熔点为 57 ℃。

（四）操作过程指导

（1）超声波清洗槽在使用前，先向清洗槽中注入水，然后开启超声波清洗仪，检验其是否正常运行。

（2）$NaHSO_4 \cdot H_2O$ 在酯化反应中作催化剂，也可用无水硫酸氢钠代替，只是剂量需要相应减少。

（3）扬声器发出的超声波通过高密度液体介质传播能效更高、更均匀。

因此，必须将烧瓶浸入超声波清洗槽水中，使反应物受到有效的超声波辐射作用。

（4）用水银温度计或酒精温度计测量超声波清洗槽内的温度时，应先关闭超声波清洗器，否则因超声波作用温度计易受损。

（5）当使用超声波功率较高时，超声器会发出一些尖利的声波，使人耳膜不舒服，这时可使用耳塞将耳朵塞上；或在超声波辐射反应期间采取间断观察的方法以避免实验者长时间遭受超声波的刺激。

（6）本实验也可在不同的超声波功率下进行反应，随着超声波功率增大（如 120 W、160 W、200 W 等），产率有所增加。反应时间也可进一步延长，但当反应时间超过 1 h 后，反应产率变化不大。

（7）使用超声波辅助反应时应注意，不同的反应，超声条件也不同，如功率、辐射时间、反应温度等。

第三节　电解法有机实验

一、电解法制备碘仿

（一）实验目的

（1）学习有机电解合成的基本原理和方法。
（2）学习电化学合成的基本操作技能。

（二）实验原理

有机电解合成是利用电解反应来合成有机化合物的技术。有机电解合成技术以其无污染、节能、转化率高、产物分离简单等优点，日益为化学、化工界所重视。

有机电解合成技术是 1849 年由柯尔贝（Kolbe）发明的，但是直到 1965 年该技术才被应用到大规模的工业生产中。在接下来的半个多世纪，有机电解合成技术有了长足的发展，并且应用有机电解合成技术进行有机反应，条件温和、易于控制，在反应中所消耗的试剂主要是干净的"电子试剂"，在保护环境、建立绿色家园的呼声愈来愈高涨的今天，有机电解合成方法也更加受到人们的欢迎。

碘仿为黄色有光泽片状结晶，又称黄碘，在医药和生物化学中作防腐剂和消毒剂使用。碘仿可以由乙醇或丙酮与碘的碱溶液作用而制得，也可用电解法制备。本实验以石墨碳棒作电极，直接在丙酮-碘化钾溶液中进行电解反应，制取碘仿十分方便。

反应式：

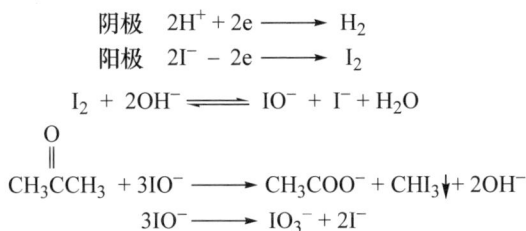

$$\text{阴极} \quad 2H^+ + 2e \longrightarrow H_2$$
$$\text{阳极} \quad 2I^- - 2e \longrightarrow I_2$$
$$I_2 + 2OH^- \rightleftharpoons IO^- + I^- + H_2O$$
$$CH_3\overset{\overset{O}{\|}}{C}CH_3 + 3IO^- \longrightarrow CH_3COO^- + CHI_3\downarrow + 2OH^-$$
$$3IO^- \longrightarrow IO_3^- + 2I^-$$

（三）实验步骤

用 150 mL 烧杯作电解槽，以两根石墨棒作电极，垂直地固定在安放于烧杯杯口上端的有机玻璃板上（见图 5-3-1），两电极间距约为 3 mm（注意，两电极靠得太近易发生短路现象）。

电极下端距烧杯底 1～1.5 cm，以便磁力搅拌器搅拌。电极上端经过可变电阻、电流换向器及安培计与直流电源（电流 $I \geqslant 1\ A$，可调电压 0～12 V）相连接（见图 5-3-2）。

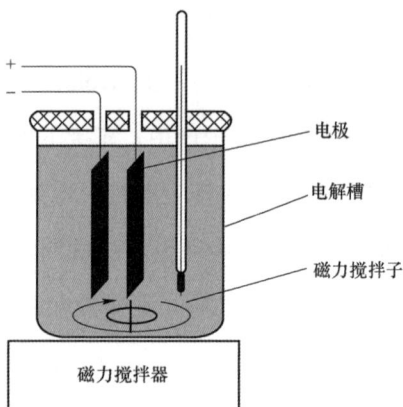

图 5-3-1　电解池示意图

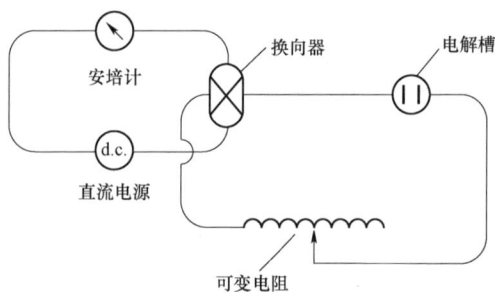

图 5-3-2　电解反应线路图

向电解槽中加入 100 mL 蒸馏水、3.3 g 碘化钾，经充分搅拌后使固体溶解，然后加入 1 mL 丙酮。打开磁力搅拌器，接通电源，将电流换向器调至 1 A。在电解过程中，电极表面会逐渐出现一层不溶性产物使电解电流降低，这时，可以通过换向器改变电流方向，使电流强度保持恒定。随着反应的进行，电解液 pH 逐渐增大至 8～10。反应过程中，电解液温度维持在 20～30 ℃。电解 1 h，切断电源，停止反应。

电解液经过滤，收集碘仿晶体。黏附在烧杯壁和电极上的碘仿可用水洗入漏斗，经滤干后，再用水洗一次，即得粗产物。

粗产物可用乙醇作溶剂进行重结晶，产物经干燥后称量、测熔点并计算产率。纯碘仿为亮黄色晶体，熔点为 119 ℃。

（四）操作过程指导

（1）从旧电池中拆出石墨棒作电极，其中以选用 1 号电池的碳棒为宜，电极表面积越大，反应速度也越快。

（2）为了减少电流通过介质的损失，在不发生短路的前提下，两电极应尽可能地靠近。

（3）也可以采用人工搅拌，但要小心，不要触动电极。

（4）如果没有配置换向器，则可以暂时切断电源，用清水洗净电极表面后再接通电源继续电解。

二、电解法制备二十六烷

（一）实验目的

（1）学习柯尔贝电解反应的基本原理。
（2）练习电化学合成的基本操作技能。

（二）实验原理

在柯尔贝有机电解合成反应中，一般以水或甲醇作溶剂，在水中电解时，宜采用高浓度羧酸溶液，并掺入少量钠盐，反应温度保持在室温，以铂箔作电极，在高电流密度下进行反应。由于甲醇是良好的有机溶剂，对于许多有机酸而言，甲醇是比较合适的溶剂。在以甲醇为溶剂的电解反应中，通常将羧酸溶于含有一定量甲醇钠的甲醇中，在铂箔电极间电解。电解时，羧酸根（$RCOO^-$）趋至阳极，在那里放出二氧化碳，发生烷基偶联反应。钠离子在阴极还原后，再与溶剂反应生成甲醇钠，使电解反应继续进行，直至原料全部参与反应。产物的碳原子数正好是原来脂肪酸分子中烷基碳原子数的 2 倍，本实验就是利用柯尔贝反应原理来制取二十六烷。

反应式：

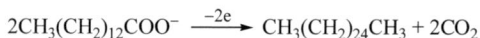

$$2CH_3(CH_2)_{12}COO^- \xrightarrow{-2e} CH_3(CH_2)_{24}CH_3 + 2CO_2$$

（三）实验步骤

取 0.1 g 金属钠溶于 45 mL 甲醇中，并将此溶液倒入圆柱形（高 7 cm，直径 4 cm）电解槽中（也可用 100 mL 烧杯代替）。

再加入 5 g 十四酸，待其溶解后，插入铂箔电极，其电极的面积约为 3 cm×2 cm，两电极的间距可保持在 3 mm 左右（千万不要碰到一起，以防短路）。电极经过可变电阻、电流换向器及安培计与直流电源相连接（电流 I≥1 A，可调电压 0～12 V）。

开启搅拌器，接通电源，将电流调至 1 A，并注意随时调整，尽量保持电流恒定。在电解过程中，电极表面会逐渐出现一层不溶性沉积物，使电流降低。此时，可用换向器改变电流的方向（约 15 min 换向一次）。在电解过程中，电解槽外用冷水浴冷却，使反应温度保持在 25 ℃左右。

当电解液呈微碱性时（pH－7.5～8，可用精密 pH 试纸检测），关闭电源，用几滴醋酸中和电解槽内反应物，然后在减压（可用水泵）下蒸出大部分溶剂。将剩余物倒入水中，用乙醚萃取 3 次（3×10 mL）。混合萃取液并依次用 5%氢氧化钠溶液和水洗涤，经无水硫酸镁干燥后蒸除溶剂。剩余物用石油醚重结晶，干燥、称重并测熔点，计算产率。二十六烷熔点为 57～58 ℃。

（四）操作过程指导

（1）处理废弃的钠屑时，切不可投入水槽，应置入异丙醇中处理。

（2）蒸除乙醚时切忌用明火。

（3）如果反应不完全，在用碱洗涤时，会有十四酸钠析出，这时过滤除去即可。

第六章
其他类型有机化学实验

除了制备乙烯、乙酸乙酯、乙炔和溴苯等基本实验，有机化学实验还包括许多其他类型的实验，本章为其他类型有机化学实验，分别介绍了综合性实验、设计性实验、研究性实验、开放性实验四个方面的内容。

第一节　综合性实验

综合性实验包括了多步制备、分离和提纯、结构表征等多项内容，是基础性实验的进一步延伸。综合性实验有助于学生对有机化学实验内容、操作技术进行全面的了解和掌握，有助于训练和培养学生对有机化学实验基本内容的综合运用能力，对培养学生的综合实验能力有较大的帮助。

一、7,7-二氯二环［4.1.0］庚烷

（一）实验目的

（1）掌握相转移催化合成 7,7-二氯二环［4.1.0］庚烷的原理和方法。

（2）练习搅拌、回流、萃取、洗涤、干燥、蒸馏等基本操作。

（二）实验原理

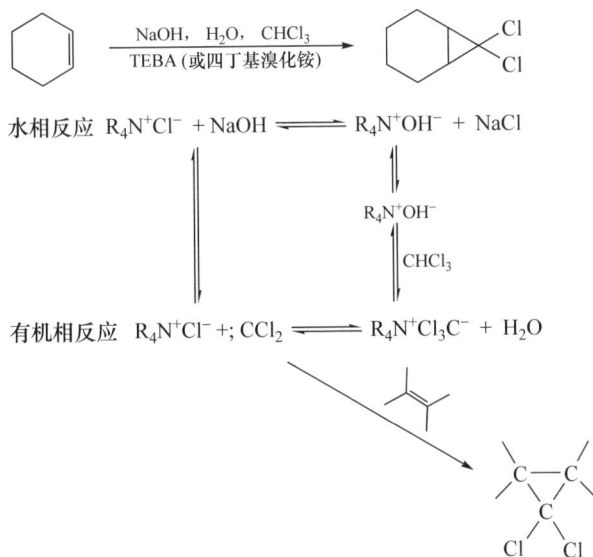

水相反应　$R_4N^+Cl^- + NaOH \rightleftharpoons R_4N^+OH^- + NaCl$

$R_4N^+OH^-$

$CHCl_3$

有机相反应　$R_4N^+Cl^- +; CCl_2 \rightleftharpoons R_4N^+Cl_3C^- + H_2O$

（三）实验试剂

环己烯 10.1 mL（0.100 mol）、氯仿 30 mL（0.374 mol）、50%氢氧化钠溶液 25 mL、三乙基苄基氯化铵（TEBA）0.5 g（0.002 mol）或四丁基溴化铵 0.7 g（0.002 mol）、乙醚，无水硫酸钠。

（四）实验步骤

在 250 mL 三口圆底烧瓶上安装回流冷凝管、温度计和恒压滴液漏斗，瓶中加入 10.1 mL 环己烯、30 mL 氯仿和 0.5 g TEBA（或 0.7 g 四丁基溴化铵）。在磁力搅拌下，由恒压滴液漏斗滴加 25 mL 50%氢氧化钠溶液，约 10 min 内滴加完毕。滴加过程中会有放热现象，因此应控制体系内温度不超过 60 ℃。滴加完毕后，水浴加热，回流 1 h。当反应液颜色逐渐变为黄色，并有少量固体析出时，停止反应。待反应液冷却至室温后，加入

50 mL 水使固体全部溶解。将混合液转入分液漏斗，分出下层有机层，用 30 mL 乙醚萃取一次，将萃取液与有机相融合，用水洗涤至中性（等体积的水约需洗 3 次），用无水硫酸钠干燥。水浴蒸出乙醚后减压蒸馏，收集 80～82 ℃/2.133 kPa（16 mmHg）的馏分，称量，计算产率。产品也可以常压蒸馏，在沸点（198 ℃）温度下有轻微分解。

二、植物生长调节剂

植物生长调节剂可以影响植物的生长和发育，有些调节剂本身就是植物激素（如生长素等）或者与植物激素的结构相似。比如具有高效的植物生长调节剂 2,4-二氯苯氧乙酸（2,4-D）就是一种很有效的除草剂；α-萘乙酸属植物生长促进剂，可促使各种植物插条生根、开花，提高发芽率。另外，有些植物生长调节剂可改变植物的生理进程，从而增加果实和种子的产量。

对氯苯氧乙酸又称防落素，可以减少农作物落花落果，达到提高产量的目的，是一类植物生长调节剂。它可以通过对氯苯酚与氯乙酸反应制得，也可通过苯氧乙酸的对位氯代而得到。本实验由于苯环上带有活性基团，使卤代更易进行，所以采用浓盐酸和过氧化氢进行氯代，而避免了使用危害性较大的氯气，苯氧乙酸可由苯酚和氯乙酸通过 Williamson 醚合成法制备。

（一）实验原理

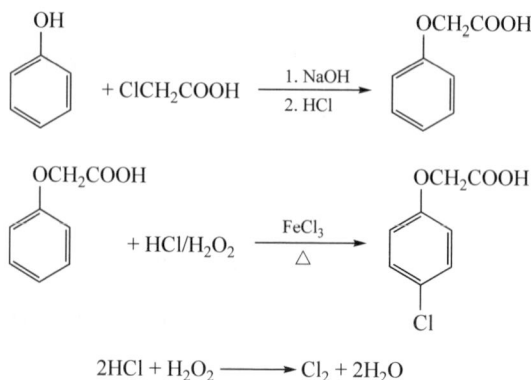

$$2HCl + H_2O_2 \longrightarrow Cl_2 + 2H_2O$$

由于氯乙酸在强碱中易水解，所以一般是先用饱和碳酸钠溶液中和至 pH＝7～8，再用 35% NaOH 溶液调至强碱性（pH＝12）与苯酚反应，最后用盐酸中和至 pH＝3～4。由于醚可形成锌盐而溶解，所以酸性不宜过强。

（二）实验试剂

氯乙酸 7.6 g（0.08 mol）、苯酚 5 g（0.053 mol）、饱和碳酸钠溶液、35%氢氧化钠溶液、浓盐酸。

（三）实验步骤

1. 苯氧乙酸的制备

在装有搅拌器、回流冷凝管和滴液漏斗的 100 mL 三颈瓶中，加入 7.6 g 氯乙酸、10 mL 水，搅拌溶解后，慢慢滴加饱和碳酸钠溶液至 pH＝7～8 为止，加入 5 g 苯酚，然后在搅拌下慢慢滴加 35%氢氧化钠溶液至 pH＝12。将混合物加热回流，反应过程中 pH 会下降，在开始的 1 h 内应补加氢氧化钠溶液，保持 pH＝12，继续加热回流 30 min 使反应完全。移去热源，趁热用浓盐酸中和至 pH＝3～4 为止，冷却，抽滤析出的沉淀。粗产物可用水重结晶，产量 7～8 g，产率 87%～99%，留作后面实验用。

纯苯氧乙酸为无色针状或片状结晶，熔点 99 ℃，沸点 285 ℃（略有分解）。

2. 对氯苯氧乙酸的制备

在装有搅拌器、回流冷凝管和滴液漏斗的 100 mL 三颈瓶中放入 6.1 g（0.04 mol）苯氧乙酸，加入 19 mL 冰醋酸，开动搅拌器，用水浴加热。当水浴温度升至 55 ℃时，加入 20 mL 浓盐酸和 20 mgFeCl₃，使水浴升温至

$60 \sim 70\ ℃$，在 20 min 内滴加入 6 mL 33%H_2O_2，滴加完后再反应 30 min，升温至瓶内固体全部溶解，慢慢冷却，析出结晶，抽滤，用水洗涤三次，在 $70 \sim 75\ ℃$下干燥。粗品可用 1:3 乙醇水溶液重结晶。产量 $5.9 \sim 6.7$ g（产率 $80\% \sim 90\%$）。

纯的对氯苯氧乙酸熔点 $158 \sim 159\ ℃$，本实验约需 6 h。

（四）注意事项

（1）使用氯乙酸和苯酚时应小心，因为它们极易腐蚀皮肤，若触及皮肤应及时用肥皂洗涤。

（2）开始滴加饱和 Na_2CO_3 溶液时速度要慢，以防氯乙酸水解，中和时有 CO_2 气泡逸出。pH＝7 以后不再产生 CO_2 气体，约需加入 15 mL 饱和 Na_2CO_3 溶液。

三、对氨基苯磺酸的微型合成实验

对氨基苯磺酸俗称磺胺酸，是生产偶氮、酸性、活性等染料的中间体，广泛用作生产染料、香精、食品色素、医药、橡胶、农药的原料。用于合成酸性嫩黄 2G、酸性橙Ⅱ、酸性媒介深黄、活性红 KP-5B 等品种；还可用作防治小麦锈病的农药，称为敌锈钠，对小麦锈病有内吸治疗作用。首先由苯胺与浓硫酸反应制得苯胺硫酸盐，经过加热后发生重排生成对氨基苯磺酸。由于温度的差异会生成对氨基苯磺酸、邻氨基苯磺酸和间氨基苯磺酸，控制转位温度可以有选择地得到不同的氨基苯磺酸。

（一）实验目的

（1）了解合成对氨基苯磺酸的原理和方法。
（2）掌握磺化反应，学习重结晶等实验操作。
（3）学习有机化合物的微型合成方法。

（二）实验原理

室温下芳香胺与浓 H_2SO_4 混合生成 N-磺基化合物，然后加热转化为对氨基苯磺酸，反应式如下：

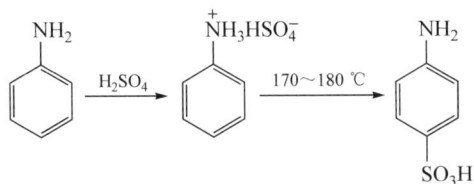

（三）实验仪器和试剂

1. 实验仪器

圆底烧瓶、烧杯、冷凝管、量筒、抽滤瓶、布氏漏斗、玻璃棒、温度计。

2. 实验试剂

浓 H_2SO_4 4 mL（0.07 mol）、苯胺 2 mL（0.02 mol）、5% NaOH、浓盐酸、活性炭。

（四）实验步骤

在圆底烧瓶中加入 2 mL 新蒸馏的苯胺，烧瓶用冷水浴冷却，在振荡下慢慢加入 4 mL 浓硫酸，然后将圆底烧瓶埋在沙浴中加热至 170 ℃，维持 170～180 ℃ 1.5 h，反应完毕取出圆底烧瓶，待反应物冷至 100 ℃ 左右时，在搅拌下将反应液倒入盛有 20 mL 水的烧杯中，用少许热水冲洗反应瓶，洗液重新倒入烧杯中，加热至沸腾，并适当加水使固体全溶（水略过量），用少量活性炭脱色，趁热过滤，析出灰白色结晶。抽滤、产品真空干燥，产量 1.5～2 g，计算产率。

纯对氨基苯磺酸为白色或灰白色结晶，它是一种内盐，无明确熔点，加热到 280～290 ℃则炭化。

（五）实验注意事项

（1）沙浴时，底部砂层薄，四周厚，从而有利于保温，切不可使烧瓶底部直接接触沙浴锅底部。

（2）取几滴反应液加入 5% NaOH 溶液中，若无油花，表示反应已完全。

（3）不要将活性炭加入沸腾的溶液中，否则沸腾的滤液会溢出容器外。因此，加活性炭时一定要停止加热，并适当降低溶液的温度。

（4）可冷却结晶，抽滤后把粗产物用水重结晶；也可把粗产物溶于 5% NaOH 水溶液中，使生成对氨基苯磺酸钠溶于水，然后脱色过滤，把滤液用 1＋1 盐酸酸化，使结晶析出，也可按本实验操作直接脱色结晶。

第二节　设计性实验

设计性实验是指学生根据教师给定的实验任务，通过查阅文献、小组讨论、自行设计实验方案、写出具体实验步骤、准备实验仪器和药品、独立进行操作并得出结果的实验、撰写设计性实验报告、汇报实验结果及心得体会。

设计性实验具有实验技能的综合性（理论和实验结合、文献与实践融合、多种实验单元操作有机串联）、实验操作的独立性（学生独立查文献，拟定实验方案和实验步骤，独立准备仪器和药品并自行开展实验）、实验过程的探究性（类似的实验方法有多种，学生可灵活选择，有的方法尚未有人尝试，是一种全新的探索，遇到每一个问题都自己思考或讨论去解决）等特点，是提高学生综合素质和培养学生创新思维和科研能力的最佳途径。

一、脱氢松香酸的提取及改性

脱氢松香酸又名去氢枞酸、去氢松香酸，是一种天然活性三环二萜类树脂酸，在松香中约含 5%的脱氢松香酸，松香经歧化反应后含量可达 50%左右。它具有性质稳定、抗氧化能力强、生物相容性和生物可降解性良好等优点，同时它与很多天然活性成分有相近或相似的结构骨架，是一个难得的活性先导化合物，因此这里选用脱氢松香酸的提取及改性作为有机化学设计性实验。

二、设计性实验流程

（一）实验布置、查阅文献、方案设计

在实验前两周布置设计性实验题目（见图 6-2-1），以 4 个同学为一个小组，选出一名组长。通过在图书馆数据库查阅文献，从歧化松香中提取脱氢松香酸（去氢松香酸、去氢枞酸），然后合成脱氢松香酸甲酯，初步鉴定其结构。根据文献设计出具体的实验方案和详细的实验步骤，并一一列出实验所需的仪器和药品。

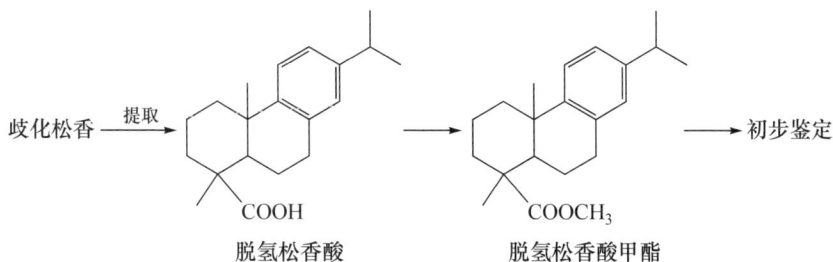

脱氢松香酸　　　　　脱氢松香酸甲酯

图 6-2-1　设计性实验题目

　　学生在组长的带领下，分工合作，利用大约 2 周时间查阅相关文献，通过小组讨论，提出合理可行的实验方案，教师要鼓励学生参考最新文献成果，大胆提出自己观点和思路，拟定详细可行的实验步骤。提取脱氢松香酸的实验方案基本上大同小异，脱氢松香酸甲酯的合成路线各有千秋，主要有以下几种（见图 6-2-2）。

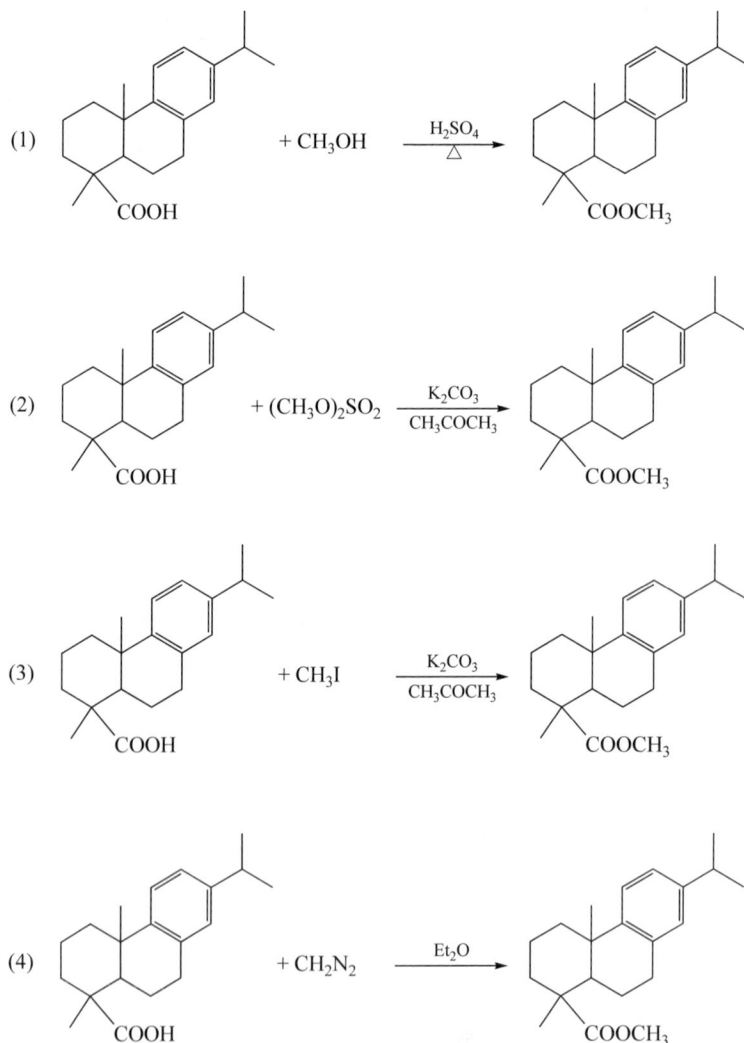

图 6-2-2　脱氢松香酸甲酯的合成路线

（二）师生讨论、确定路线

对各个合成路线加以分析评价，路线（1）为经典的酯化反应，原料价廉易得，在实验室可行，操作条件要求不高，催化剂浓硫酸也可以尝试采用其他物质代替。路线（2）是文献中常用的路线，用到的硫酸二甲酯毒性较大，取样时需做好防护措施（戴上手套和口罩），实验过程必须在通风橱完成。路线（3）用到常用的甲基化试剂碘甲烷，路线可行，但其价格较高。路线（4）虽然可行，但是会用到易爆且有剧毒的重氮甲烷，因此实验不建议使用。

（三）实验步骤确定

每个小组完成实验设计方案后，写出每个环节的实验步骤。

提取脱氢松香酸的参考步骤：将 10 g 工业歧化松香和 25 mL 的 95%乙醇加入 100 mL 烧瓶中，加热溶解，趁热抽滤。滤液趁热加入 2 g 乙醇胺，搅拌反应 15 min，然后加入 25 mL 热水，并用（沸点为 90～120 ℃）石油醚（4×15 mL）萃取，萃取结束及时清洗用具。

分液漏斗，胺层冷却后结晶，过滤，用 50%乙醇洗涤，沉淀用约 20 mL 50%乙醇重结晶 2 次，得脱氢松香酸盐。将脱氢松香酸盐溶解于 30 mL 50%热乙醇中，用稀盐酸调节溶液 pH＝4，冷却，过滤，并用水洗涤沉淀，真空干燥，得白色晶体，称重，计算产率，用数字熔点仪测定熔点。

（四）准备实验

由于设计性实验需要的仪器和药品种类多而且不统一，因此，组织学生自行准备自己实验所需的仪器和药品，配置所需的溶液。通过自己的精心准备，体会到做实验的来之不易，从而更加懂得珍惜每一份药品，爱护好每一个仪器。

（五）实验实施

课堂上，以小组为单位分工合作独立完成实验。教师作为指导者，注意规范学生的操作，对一些易犯的错误操作和现象易出现混淆的内容进行重点强调，通过小组讨论并进一步检查实验中存在的问题。

学生完成实验后，先由教师检查每一组产物的熔点、产率，并记录好完成时间。整个过程考察了抽滤、重结晶、测定熔点、回流、蒸馏薄层色谱等有机化学实验基本单元操作。

第三节　研究性实验

部分学生自行组合成立科技发明小组，可邀请教师给予一定的协助性指导。在自己调研的基础上，利用扎实的理论和有机化学实验基础，进行立项，开展创新性研究。以小论文或研究报告的形式结题；或对企业进行调研，为企业需要解决的有机化学问题作探索性实验；或教师根据自己的研究方向给出支课题，学生自己查阅文献、设计研究方案、完成研究工作。研究性实验不占教学计划的学时，学生可以利用业余时间进行，从而为培养学生的科研能力和应用知识的能力创造条件。

一、研究方案制订

（1）研究的目的和意义。

（2）国内外研究现状。

（3）研究路线的选择及原理。

（4）实验所需仪器及实验所用试剂的用量及规格。

（5）原料及产物的物理常数。

（6）主要装置图。

（7）研究方案。

（8）预期的结果。

（9）主要参考文献。

二、实验注意事项

（1）结合研究方向在实验前八周必须把研究方案及所用试剂的清单上报实验室。

（2）学生 2 人或 2 人以上组成研究小组。

（3）学生的研究工作必须有指导老师，实验操作可利用实验室开放时间完成。

（4）原则上不允许学生选做毒性高、危险性大的实验。

三、提供的研究方向

（1）龙脑稀醛的合成及其应用研究。

（2）丙二酰二芳胺的合成及其偶合反应的研究。

（3）丙二酰二芳胺的合成及缩合反应的研究。

（4）光电导体的合成、表征和光电导性能测试。

（5）离子液体的制备及结构表征。

（6）绿色农药中间体的制备及应用研究。

（7）微波反应及其应用。

（8）医药中间体的手性合成。

第四节　开放性实验

　　有机化学开放性实验作为有机化学基础实验的重要补充，以探索性实验为主，要求学生具备良好的自主实验能力，是解决传统有机化学实验不足的一种有效手段。学生作为学习主体，在培养方案实验课基础上，在教师指导下利用学校已有的科研平台开展拓展实验活动。首先，学生通过自主查阅文献的方式提出实验中可能遇到问题的解决方案；然后，通过不断尝试各种反应条件找出最佳的合成方法；最后，完成数据处理。开放性实验更多体现学生自主学习实践能力、综合分析解决问题能力、归纳总结能力，有利于培养学生的科研创新能力。

一、新型绿色烯烃二溴化反应

　　有机化学课堂上，学生学到各种卤代烃，包括溴代烃参与的各种化学反应。烯烃的二溴化反应可高效、快速合成二溴化合物，在有机合成上具有重要应用价值。然而，课本中该类反应用到的液体溴是一种有毒物质，具有刺激性、挥发性和腐蚀性。虽然很多其他方法已代替液体溴的使用，然而，反应中大量有毒有害氧化剂的使用，增加产品处理难度并引起了环境污染。发展无催化剂及氧化剂，且具有较高官能团容忍性的绿色二溴化合物合成方法具有重要研究意义。新型绿色烯烃二溴化反应，一方面，作为重要的烯烃溴化方法，涉及理论教学中加成和溴鎓离子等重要知识点；另一方面，引入科学研究前沿热点，使用优化的绿色合成路线，非常适合作为有机化学开放性实验进行教学研究与实践。

二、开放实验实施过程

新型绿色烯烃二溴化开放实验是一种综合性大实验，以探索新的合成方法为目标。大三以上的化学类本科生，在掌握一定的有机化学理论知识和基本有机化学实验操作技能的基础上可自由报名上课。由于该类实验需要进行一个完整的科研流程，涉及工作量大，需要本科生进行协作完成。首先要对报名参加开放实验的学生进行分组，每 5～6 人为一组。然后按照培养流程实施，如图 6-4-1 所示。

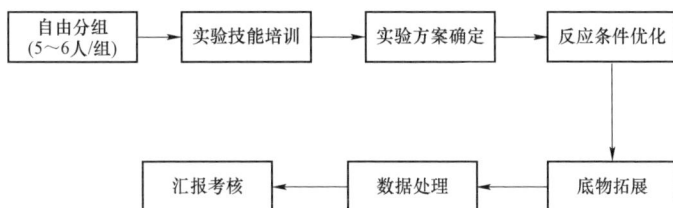

图 6-4-1　开放实验实施总体方案

（一）实验技能培训

该开放实验属于有机化学科学研究的典型合成反应，要完成实验首先需要培训学生掌握基本的有机合成技能，如玻璃器皿的正确清洗、物质的精确称量、合成和分离操作、产物结构分析测试等。除此之外，还要对用到的一些基本实验仪器和常规玻璃器皿的使用进行简单培训，例如旋转蒸发仪、恒温磁力搅拌器、烘箱、紫外灯、超声波清洗仪、厚壁耐压管、烧瓶、层析柱等。最后，还要对本科生进行查阅文献的培训。因为在基础有机实验中不用学生提前查看文献，所以本科生对查阅文献的意义以及查阅途径都没有了解，因此需要在实验前告知学生各种电子资源的获取方式，并且进行相关培训，锻炼如何从海量信息中找到所需文献，为后续实验方案的确定奠定基础。

（二）实验方案确定

不同于传统实验，课本中会有明确的实验方案。开放实验需要在老师的引导下由学生自己确定实验方案，以锻炼学生的独立思考和科研创新能力。根据本开放实验的目标，进行新型绿色烯烃二溴化反应，制订合理的实验方案。首先需要进行文献调研，让学生掌握目前的研究现状。学生通过调研可以发现，除课本上使用液体溴进行反应外，应用溴盐或氢溴酸与氧化剂的结合来进行溴化反应也有一定发展。氢溴酸作溴化试剂，因其为强酸，官能团兼容性差，对于一些强酸条件下易分解的官能团不兼容，同时有些反应仍然需要催化剂及氧化剂。因此可以将研究方案初步锁定在设计无催化剂及氧化剂，且具有较高官能团容忍性的绿色二溴化合物合成方法。引导学生调研文献进一步寻找一种合适的溴化试剂，以避免使用催化剂和氧化剂。最后，将 N-溴代丁二酰亚胺（NBS）筛选为目标溴化试剂。NBS 作为一种重要的溴化试剂，在各类溴化反应中有着广泛应用，例如富电子苯环溴化反应及烷基的碳氢溴化反应，最终确认初步的实验方案如图 6-4-2 所示。

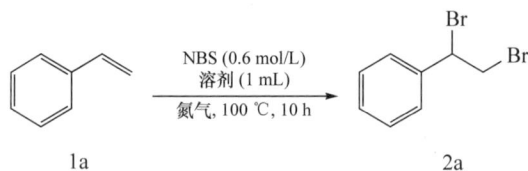

图 6-4-2　实验方案

（三）反应条件优化

虽然 NBS 能在各类反应中充当非常好的溴化试剂，而如何将 NBS 应用于新的反应类型，且拥有良好的选择性依然存在难度，将 NBS 作为合成二溴化合物的溴化试剂将面临一些新的挑战。将其作为本科开放实验，在合成目标产物的过程中需要对各种反应条件进行筛选优化，会有一些需要解决的问题出现，在不断地解决问题中提高产率，进一步提升本科生的科研探究能力和实践动手能力。本开放实验依次对溶剂、添加剂、NBS 用量和反应温度进行逐项筛选，并对结果进行分析，例如对反应的溶剂进行筛选（见表 6-4-1）。

表 6-4-1 溶剂筛选

序号	溶剂	分离产率/%
1	1,4-二氧六环	57
2	四氢呋喃	68
3	正己烷	38
4	N,N-二甲基甲酰胺	0
5	N-甲基吡咯烷酮	0
6	氯仿	64
7	1,2-二氯乙烷	61
8	乙酸	trace
9	叔丁醇	17
10	乙腈	27

注反应条件：1 a（0.2 mmol），NBS（0.6 mmol、0.6 mol/L），溶剂（1 mL），100 ℃，氮气条件下反应 10 h。

实验结果表明：使用醚类溶剂 1,4-二氧六环和四氢呋喃（THF）能够以中等收率得到目标产物，产率分别为 57% 和 68%；使用烷烃类溶剂正己烷的产率则降低到 38%；而大极性酰胺类溶剂 N,N-二甲基甲酰胺（DMF）和 N-甲基吡咯烷酮（NMP）则不适合该反应；使用氯代烷烃类溶剂氯仿和 1,2-二氯乙烷（DCE），产率分别可以达到 64% 和 61%，效果也不错；当使用酸类溶剂、醇类溶剂和乙腈溶剂时产率都非常低。通过筛选发现四氢呋喃与氯仿均为良好的溶剂，二者相差不大。依此类推，通过以上各个实验最终确定最佳的反应条件：底物为苯乙烯，溴化试剂为 0.6 mol/LNBS，添加剂为 0.2 mol/L 溴化钾，溶剂为氯仿，100 ℃ 为反应温度。

（四）底物拓展

底物拓展是进行有机合成科研训练不可缺少的部分，由于工作量大，在常规的本科生教学实验中无法涉及，但开放实验设计在时间灵活性和时间跨度上具有明显优势，因此可进行有效的底物拓展训练，一方面可以让学生充分参与完整的科研流程，另一方面可以培养学生的科研耐心。针对本开放实验，含吸电子基团的底物容易发生反应，所以首先针对含硝基官能团的底物进行拓展，发现反应产率可以达到95%。另外由于卤素在有机合成中也是非常重要的官能团，能够与其他类型化合物发生进一步的偶联反应，因此对苯环上含有氯的底物也进行考察。结果表明：含有氯的底物可以使反应高效进行，目标产率可以达到92%（见图6-4-3）。

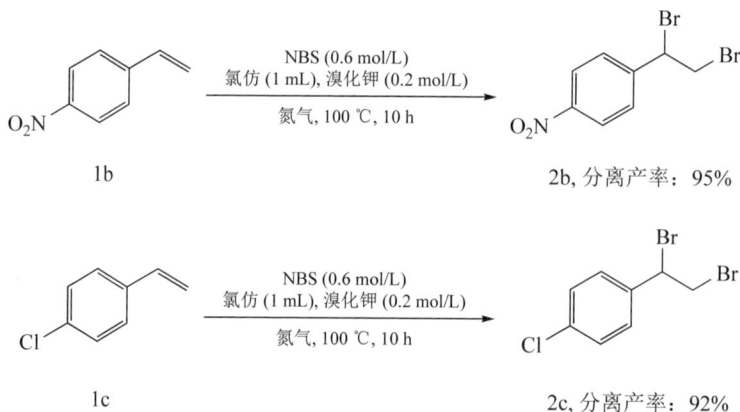

图 6-4-3　反应底物的拓展

（五）数据处理

在基础有机实验中，由于目标产物多为单一有机物，数据处理仅仅是简单用除法计算出产物产率，而在开放实验中对数据处理进行的是一个系统训练。首先是 ChemBioDrawUltr 软件的基础功能学习，包含绘制反应式、计算分子量，从而进行产率计算，计算 Exact Mass 及预测核磁谱图。然后训练用核磁处理软件"MestReNova"对核磁测试谱图进行处理。最后,高分辨质谱数据与 ChemBioDrawUltr 软件计算的 Exact Mass 来进行比对,以确认最终的化合物分子式。

(六)汇报考核

开放实验设计的考核,其理念为:是否具备一定的科研探究能力;是否具备一定的科学研究素养。考核形式应是科学和系统的。在做完所有实验并处理好实验数据后,系统完整地总结整个实验过程。一方面需要将实验过程整理成 PPT 进行答辩汇报,现场回答老师和同学的提问,以考查对于本实验的理解掌握程度以及对相关科研问题解决的思维意识;另一方面以科研论文的形式撰写报告,由指导老师负责批阅评价,以评估学生是否具备一定的科研技能和科学素养。

参考文献

［1］陈贵，程志毓，罗群. 有机化学实验［M］. 成都：西南交通大学出版社，2021.

［2］吴凯群. 有机化学实验［M］. 成都：四川大学出版社，2020.

［3］熊万明，郭冰之. 有机化学实验［M］. 北京：北京理工大学出版社，2017.

［4］武汉大学化学与分子科学学院实验中心. 有机化学实验［M］. 武汉：武汉大学出版社，2017.

［5］周文富. 有机化学实验与实训［M］. 厦门：厦门大学出版社，2006.

［6］郭书好，唐渝，王涛，等. 有机化学实验第3版［M］. 武汉：华中科技大学出版社，2008.

［7］屠树滋. 有机化学实验与指导［M］. 北京：中国医药科技出版社，1993.

［8］李明. 基础有机化学实验［M］. 北京：化学工业出版社，2001.

［9］李妙葵. 大学有机化学实验［M］. 上海：复旦大学出版社，2006.

［10］周科衍. 有机化学实验技术［M］. 北京：高等教育出版社，1992.

［11］郭叶，郑东华，张传明，等. 基于虚拟仿真的"虚实结合"模式在有机化学实验中的探索［J］. 安徽化工，2023，49（3）：187-190.

［12］高慧，王培龙，孟令国，等. 有机化学开放性实验教学研究与实践：以新型绿色烯烃二溴化反应开放实验设计为例［J］. 淮北师范大学学报（自然科学版），2023，44（2）：88-92.

［13］徐正阳.《有机化学实验》——咖啡因提取：线上结合线下的实验改进［J］. 化工设计通讯，2023，49（5）：88-90.

［14］陈华仕. 大学有机化学教学改革的实践与反思［J］. 化工设计通讯，2023，49（5）：91-94.

［15］张振雷，陈茂硕，沈一凡，等. 大学有机化学实验：碘催化条件下的水相合成硫代磺酸酯［J］. 广东化工，2023，50（9）：233-235＋225.

［16］张劲祥，林惠红，李金燕."有机化学实验"课程体系的改革和探索［J］. 教育教学论坛，2023（18）：69-72.

［17］崔颖娜，王爱玲. 基础有机化学实验教学改革：以乙酸异戊酯的制备为例［J］. 大学化学，2023，38（10）：194-198.

［18］樊士璐，刘要妹，晏方培. 气相色谱-质谱联用技术在基础有机化学实验教学中的应用［J］. 广州化工，2023，51（8）：242-244.

［19］程景，金剑，杨雪苹，等. 基于 Suzuki-Miyaura 偶联反应探索有机化学反应机理的创新实验设计［J］. 化学教育（中英文），2023，44（8）：82-88.

［20］肖唐鑫. 以前沿科研成果为例示范有机化学实验教学中的交叉融合模式［J］. 广东化工，2023，50（7）：236-238.

［21］李向东. 大学有机化学教学中渗透绿色化学理念的研究［D］. 西安：西北大学，2015.

［22］李翠彩.《有机化学基础》模块教与学调查分析［D］. 石家庄：河北师范大学，2014.

［23］蔺丽丽. 拓展式多步骤有机化学虚拟实验室的构建［D］. 大连：大连理工大学，2013.

［24］贾健波. 场景型交互式有机化学虚拟实验的构建［D］. 大连：大连理工大学，2012.

［25］冯慧. 基于 Director 软件的有机化学实验的开发与技术研究［D］. 武汉：武汉理工大学，2009.

［26］曾巧. 基于学习进阶下烃的衍生物的多元化教学模式构建与实施［D］. 阜阳：阜阳师范大学，2022.

［27］付慧慧. 现代信息技术在《有机化学基础》教学中的应用研究［D］. 天水：天水师范学院，2022.

［28］徐淑凝. 基于化学学科理解的有机化学教学实践研究［D］. 南昌：江西师范大学，2022.

［29］莫晓影. 大学有机化学对中学化学教学的指导研究［D］. 广州：广州大学，2022.

［30］肖丽诗. 开放性实验报告策略对化学专业本科生科学写作能力的影响研究［D］. 武汉：华中师范大学，2017.